U0225370

野草世界

吴昊　编著

黑龙江科学技术出版社
HEILONGJIANG SCIENCE AND TECHNOLOGY PRESS

前言

“野火烧不尽，春风吹又生”，这句古诗生动地表现了野草顽强的生命力。其实野草并非单指小草，还包括很多种植物。

比如，有毛茸茸的狗尾巴草，有像小刺猬一样可以到处飞的苍耳，有美丽又害羞的含羞草，有种子像降落伞一样的蒲公英，有长得很像胡萝卜的蛇床……

不过，小朋友们，看事物可不能只看表面哪！野草，也叫作杂草，顾名思义，就是指在庭院、草坪或农田等地自由生长的，不是人们刻意栽种的

植物。野草还专指有侵害性的植物，特别是那些不需栽种而能够自行大量繁殖的植物。因为野草会抢走土壤中其他植物生长所需的营养，或者遮住其他植物生长所需的阳光，使周边的植物难以生长。而且，有部分野草还带有毒性，人们不小心碰到被划伤手脚或者误食，还会中毒；有部分野草要是长在农田里，会降低周边植物的产量或经济价值，因此，野草需要被除去。虽然野草有时候让人讨厌，但有的野草还是很有用的，可以用来做药材呢。想认识更多野草吗，快来翻开这本书吧！

目录

狗尾草——毛茸茸的尾巴........................6
苍耳——到处飞的小刺猬........................8
含羞草——害羞的美丽小草....................10
车前草——顽强的救命菜........................12
通草——有名的中药材...........................14
蛤蟆草——我很丑但我很好用..................16
马齿苋——顽强的野菜...........................18
荠菜——早春的美味..............................20
蒲公英——毛茸茸的小伞........................22
紫花地丁——清热解毒的良药..................24
蛇床——夏天的“野胡萝卜”..................26
菟丝子——柔弱而可怕的杂草..................28
益母草——妇女之友..............................30
地肤草——顽强的扫帚菜........................32
决明草——能保护眼睛的野草..................34
田旋花——漂亮的野牵牛花....................36
蓖麻——种子有毒的作物........................38
芦苇——浪漫的蒹葭..............................40

CONTENTS

小蓟——满身都是刺........................ 42
猫眼草——骨骼清奇的野草.................. 44
鬼针草——霸道的杂草 46
三叶草——幸运草 48
彩叶草——多彩植物........................ 50
紫苏——辛香调味料........................ 52
薄荷——芳香良药 54
柠檬草——芳香怡人的茅草.................. 56
甘草——中草药里的国老.................... 58
蛇莓——鲜艳的杂草........................ 60
香蒲——河边的香肠花 62
白蒿——可以吃的野草 64
鸭跖草——花像鸭掌........................ 66
鱼腥草——蔬菜里的“臭豆腐” 68
葎草——长着倒钩刺的藤蔓.................. 70
天胡荽——香菜的好兄弟.................... 72
藜——药食两用的野菜 74

狗尾草

毛茸茸的尾巴

毛茸茸的狗尾巴

风儿吹过，田野里一株株毛茸茸的草随着风摇摆起来，就像小狗尾巴。小朋友，你一定猜到了吧？这就是狗尾草。狗尾草的尾巴长在茎秆末端，比茎秆要粗很多，长度为2~15厘米不等，或笔直挺立，或稍微弯曲，上面长着细小的毛，看起来就像小狗的尾巴。

狗尾草对环境的适应能力非常强，无论在干旱贫瘠的地方，还是在酸碱化的土地上，它们都可以生根发芽。

不挑剔，哪里都能长

狗尾草的种子成熟后会借助风力、水流等踏上寻找新沃土的征程，当它们选定了住所，就会停下来。它们会在漫长的冬季养足精神，为春季的萌发做准备。如果到了肥沃的田地上，它们就能更加茁壮地生长了，甚至会抢占农作物的生长空间和营养物质，成为让人讨厌的杂草。

苍耳 到处飞的小刺猬

苍耳是菊科，苍耳属一年生草本植物，高可达 90 厘米。这是一种常见的田间杂草。

小小种子作用大

苍耳的颜色有个渐变的过程，通常由嫩黄到绿，由绿到棕，然后颜色逐渐变深，慢慢地变成熟。种子可榨油，苍耳子油与桐油的性质相仿，可和桐油掺制成油漆，也可做油墨、肥皂、油毡的原料，还可制硬化油及润滑油。果实可供药用。

苍耳是怎么传播的

苍耳穿着一身带尖刺的外衣，别名“小刺猬”，它们就是靠着这些刺来传播种子的。如果你仔细观察，就会发现苍耳的果实表面有一道道往上勾的刺，能粘在人的衣服上或者动物身上，从而把种子带到很多地方。

含羞草

害羞的美丽小草

羞答答的小草

含羞草是一种豆科草本植物，花为粉红色，形状像绒球，开花后结荚果，果实呈扁圆形。含羞草的花形似蒲公英，一根根的花丝点缀在花球上，花丝的顶端分布着小白点，美丽极了。它的根茎和叶子对于自然光线十分敏感，遇到光和热就会马上发生反应，遇到外力触碰它会立即闭合来保护自己。

天气预报员

含羞草还是一种能预报天气晴雨变化的奇妙植物呢！如果用手触摸一下，它的叶子很快闭合起来，而张开时很缓慢，这就说明天气会转晴；如果在触摸含羞草时，其叶子收缩得慢，下垂迟缓，甚至稍一闭合又重新张开，这就说明天气将由晴转阴或者快要下雨了。

车前草

顽强的救命菜

什么是车前草

车前草是一种多年生的草本植物。这种植物长得很有特点，叶子是基生的，呈莲座状，平卧、斜展或者是直立的，叶子呈宽卵形或椭圆形。到了五六月会开白色的小花，果期在 7~9 月。

顽强的车前草

车前草是一种耐贫瘠、耐干旱的生命力超强的植物，常在河滩、草地、路边和田间见到，在我国大部分地区都有分布。大家可不要小看它，它的种子和全草都可以入药，能够清热明目、祛痰止咳。

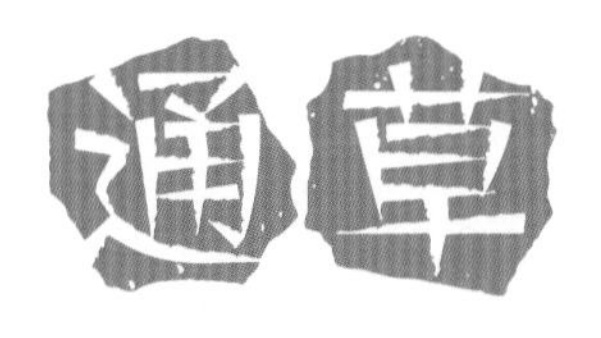

通草 有名的中药材

通草作为一种中草药的时候主要是指它的白色长条状的茎髓，中间是空心的，有隔膜的最好。

3岁以下小朋友不能食用通草

如果小朋友3岁以上了，可以适量食用通草，但是不能多吃，要遵医嘱。因为通草性寒，儿童的肠胃功能还很脆弱，多吃可能会刺激肠胃，引起便溏、腹泻等不良反应。

通草的特征

通草为五加科常绿灌木或小乔木，主要分布在我国云南、贵州、广西等地。通草的茎髓是圆柱形的，长 30~50 厘米，直径 1.5~2.0 厘米；表面洁白，有纵向纹理；中央有直径 0.5~1.0 厘米的半透明圆形薄膜。通草体轻，容易折断，没什么气味。它的叶子很特别，有很多角，每个分出的角还会有小的尖角，叶子比较大，有明显的脉络。

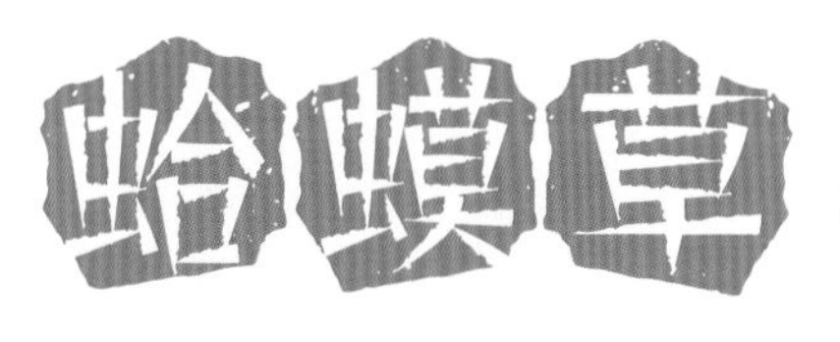

我很丑但我很好用

蛤蟆草是一种直立的草本植物，看起来和车前草差不多，高度在 15~19 厘米。

蛤蟆草可以治湿疹

炎炎夏日，很多小朋友容易被蚊虫叮咬，或者天太热了身上起湿疹，这时候如果用蛤蟆叶烧的水给小朋友洗澡，能很快止痒、消除湿疹呢！

蛤蟆草的外形

蛤蟆草的外形和它的名字一样，碧绿色的叶片两面都非常皱，并且凹凸不平，就好似田野里癞蛤蟆的皮肤一般，所以这也是它名字的由来。外形如此丑陋的蛤蟆草，在它生长到成熟阶段以后，也是能够开出鲜花的，朵朵娇小白色的花密集地从枝头生长出来，对比起蛤蟆草的叶片，看起来格外的清新宜人。

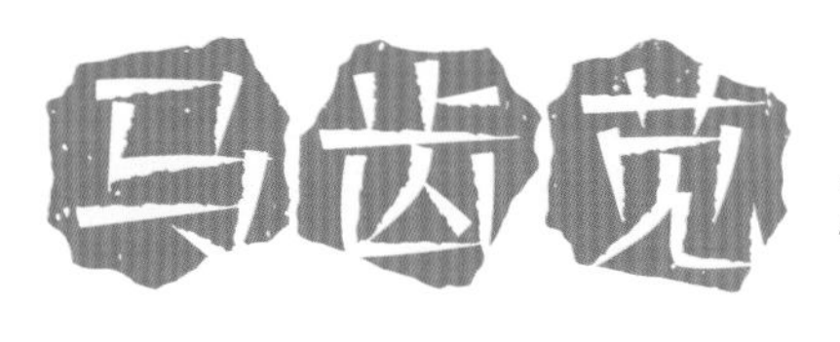

顽强的野菜

马齿苋的由来

马齿苋植株长得很矮，才 30 厘米左右，而且像藤蔓一样贴着地面生长，所以存在感并不强。它的根茎是深红色的，长出来的叶子是深绿色的，叶片厚厚的，又小又圆，很像马的牙齿，所以人们就将它命名为马齿苋。马齿苋的口感有点儿像苋菜，嫩脆爽滑，略微有点儿酸。

马齿苋为一年生草本植物，它是一种野菜，生长在田间，因生命力顽强，所以极易成活。

马齿苋的特点

到了夏季，马齿苋就会开花，它的花瓣是黄色的。一般开过花的马齿苋都比较老，不适合食用。马齿苋十分喜欢高温的生长环境，耐干旱能力很强，而且像向日葵一样喜欢追着太阳生长，因此又有人叫它向阳草。马齿苋有着极强的适应能力，所以在我国，不论是在南方还是在北方，都能见到马齿苋的身影。

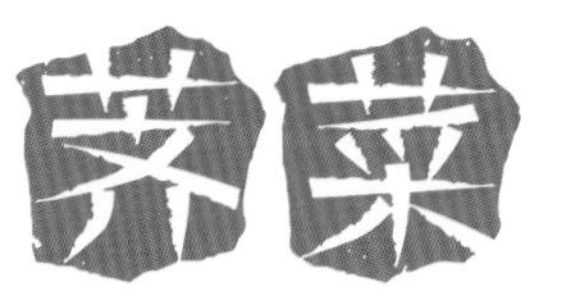

荠菜 早春的美味

荠菜是一种野菜，在立春后开始生长，民间流行着“宁吃荠菜鲜，不吃白菜馅”的说法。

荠菜的特征

荠菜生长在山坡、田边及路旁，现在也有少数栽培的。这种野菜是十字花科荠属一年生或二年生草本植物，高可达50厘米呢。它的茎直立生长，叶子像莲花一样展开，叶子边缘是凹凸不一的小齿。它的花果期为4~6月，开白色的小花，玲珑小巧，是四个花瓣。

荠菜的营养价值

荠菜营养丰富，其氨基酸的含量很高，还含有胡萝卜素、维生素C、维生素E以及磷、钾、钙、铁、锰等人体需要的矿物元素，其综合营养超过很多种蔬菜呢。中医认为，荠菜具有清热解毒、凉血止血、健脾明目等功效，能止血，治疗腹泻、水肿等病症。

蒲公英 毛茸茸的小伞

蒲公英别名黄花地丁、婆婆丁等，是菊科多年生草本植物，也是一种中草药。

毛茸茸的种子

蒲公英毛茸茸的种子和其他植物不同，它的种子上面有白色的冠毛，许许多多的种子组合在一起就形成一个毛茸茸的球。一阵风吹过，它的种子就像一个个小小的降落伞，到处飘，飘到有泥土的地方，它就能生根发芽，孕育出新生命。

小心触碰

蒲公英的根茎比较细，因此也比较容易折断。折断以后里面会露出乳白色的汁液，不过这个汁液带有一定的毒性，最好不要用手直接去碰触，以免引起不适。

紫花地丁

清热解毒的良药

不起眼的小花

在很多路边、田边或是花园里都经常能见到紫花地丁的身影，一簇簇淡紫色的小花，三两朵地挨在一起，就像展翅欲飞的小蝴蝶，惹人怜爱。这种娇小玲珑的花，不仅可以制作成盆景，供人们观赏，还能在园林绿化上贡献力量。

在民间，紫花地丁与蒲公英还被称作天丁、地丁，因为它们都有清热解毒的功效，所以常常被称为“二丁”。

紫花地丁能止痛

如果在野外，不小心摔倒，手脚肿痛或者被划破，可以将紫花地丁捣碎敷在伤口上，能快速止血、止痛啊！这是因为，在紫花地丁中含有一种叫作黄酮的神奇化合物，这种物质可以改善血液循环，止血、止痛，使伤口能很快愈合。

蛇床 夏天的“野胡萝卜”

蛇床的名字听起来比较凶猛，感觉很有攻击性，但其实蛇床看起来特别宁静淡雅、清新脱俗呢！

蛇床名字的由来

蛇床，为伞形科蛇床属一年生草本植物，它的名字是根据李时珍《本草纲目》中的记载而来的，因为蛇喜欢趴在这种植物下，所以叫蛇床。“野胡萝卜”是民间对蛇床草的称呼，因为它长得很像胡萝卜。夏天是“野胡萝卜”开花的季节，蛇床草的果实叫蛇床子或者蛇床实。

蛇床的功效

蛇床的根茎总体呈青绿色，干干净净的，没有茸毛，而且根茎叶比较丰富，根节交错。蛇床的花有点特别，是一簇簇的，它的花朵为白色，总体很小，但是数量特别多，开在一起就形成了一个大大的花团。蛇床最有名的还是它的果实——蛇床子。蛇床子是一味著名的传统中草药，有祛湿气、杀虫、止痒的功效呢。

菟丝子

柔弱而可怕的杂草

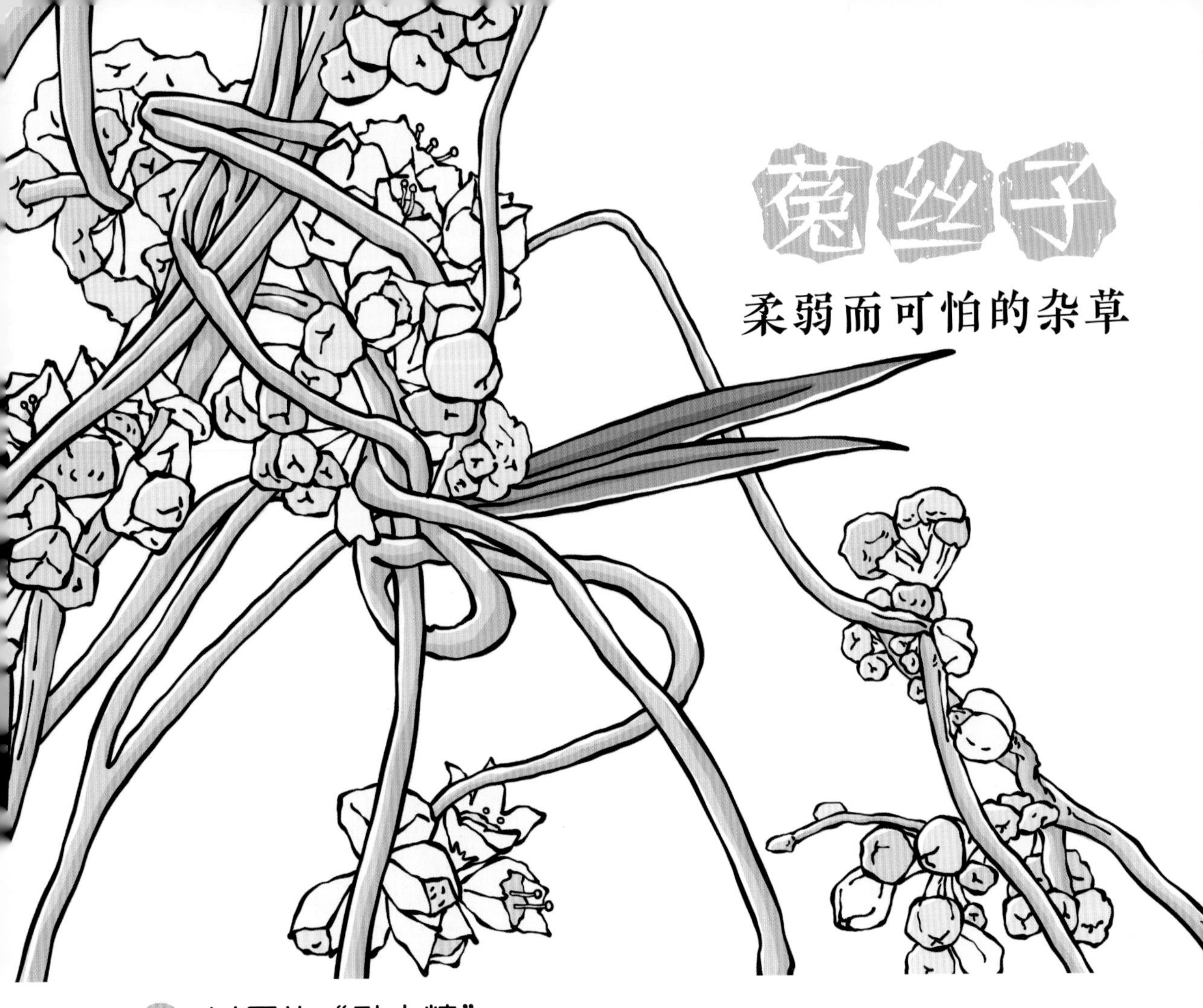

讨厌的“黏人精”

菟丝子看上去柔柔弱弱的，其实是一种极热情的植物，但它的热情却让很多植物特别害怕。这是因为菟丝子的幼芽生命力极强，生长特别旺盛，一旦缠绕于寄主植物体上，就会抢夺它们的养料，让它们生长不好。可说得上是豆科植物最讨厌的“黏人精”了吧。除了豆科植物，菟丝子对胡麻、苎麻、花生、土豆等农作物也有危害。

菟丝子是一种典型的茎寄生植物，所有的营养和水分都从寄主获取，是让许多植物都很讨厌的杂草呢。

会窃听的菟丝子

菟丝子的茎是黄色的，十分纤细，呈缠绕状生长，没有叶子，但菟丝子会开花。神奇的是，如果寄主植物开花，菟丝子也开花；如果寄主植物不开花，菟丝子就变得不知所措，不会开花了。其实，这是因为菟丝子可以通过“窃听”寄主植物发出的开花信号，从而与不同寄主植物的开花时间保持一致，来汲取寄主植物的营养，以维持自己的生命。

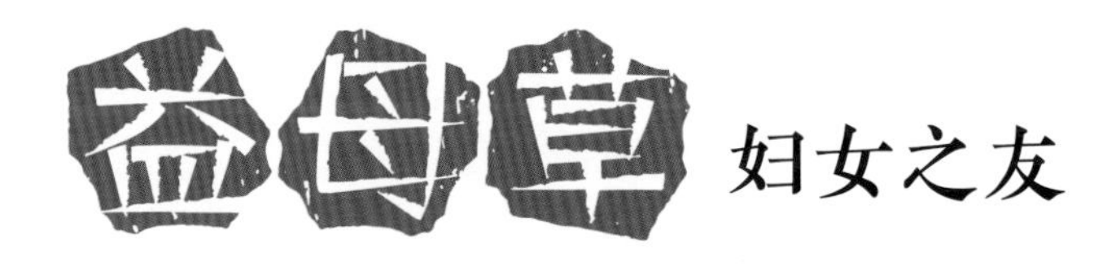

妇女之友

益母草，顾名思义，就是女生的“好朋友”，对女性很有益处。它是一年生或二年生草本植物，广泛生长于山野荒地、田埂、草地上。

益母草的特征

益母草是唇形科的植物，它的茎是直立的、四棱形，上面有细细的茸毛。叶对生，看起来既朴实又憨厚。花期在夏季，入药用的通常是益母草的茎叶，也是在夏季采摘。益母草最典型的特征就是它的花冠是唇形的，呈淡红色或白色。

为什么称它为“妇女之友”

益母草最典型的功效是活血调经和收缩子宫，对女性身体有很多好处，作为一种知名中草药，益母草常常被用在治疗妇科疾病上。在《新修草本》中有记载，一代女皇武则天常年都使用这种中草药的粉末来擦洗脸部和双手，所以她活到八十岁的时候依旧保持着青春的容貌。现在称其为“妇女之友”是名副其实的呀！

地肤草 顽强的扫帚菜

地肤草是一年生直立草本植物，能长到 50~100 厘米高，株丛紧密生长在一起，每年秋季会变为暗红色。

生命力顽强

地肤草的生命力很符合它野草的定位，只要在土里种下几粒种子，它们就能顽强生长，长成独立的植株。地肤草对土壤的要求很低，就算是盐碱地里都能长出来呢。在我国，由于地肤草数量庞大，所以都用地肤草来做成扫帚使用，因此，地肤草也叫作扫帚菜。

观赏价值高

地肤草的颜色不仅仅是绿色的，还有粉色、红色的，一片片地种下去，看上去非常梦幻、美丽。地肤草的株型也非常棒，其他花卉都需要打顶、摘心来使其长成球形，但地肤草不一样，它不需要修剪也能长成球形。

决明草

能保护眼睛的野草

决明草的特点

决明草是一年生豆科半灌木状草本植物，小时候长得跟花生苗差不多，也称假花生。成熟后的决明草叶子与豆科植物的叶子差不多，果实下垂，像小豆角一样，细细的、弯弯的、黄黄的，有一点像绿豆的果实，因此，也称假绿豆。决明草原产于美洲热带地区，如今在全世界热带、亚热带地区广泛分布，常生于山坡、旷野及河滩沙地上。

决明草的长相十分普通，看上去与其他杂草毫无分别，所以人们常常会忽略决明草的价值，事实上它是一种名贵的药材呢。

决明子的作用

可别小看决明草小小的种子呀，它的种子叫决明子，可是上好的药材呀，有清肝明目、利尿通便的功效呢，同时还可提取蓝色染料。决明子没有成熟的时候像绿色的豇豆，成熟以后，果子从绿色转为灰色，甚至黑色，在烈日的暴晒下，会自己爆裂而出，进行繁殖，所以决明草才这么顽强，什么环境都能生长。

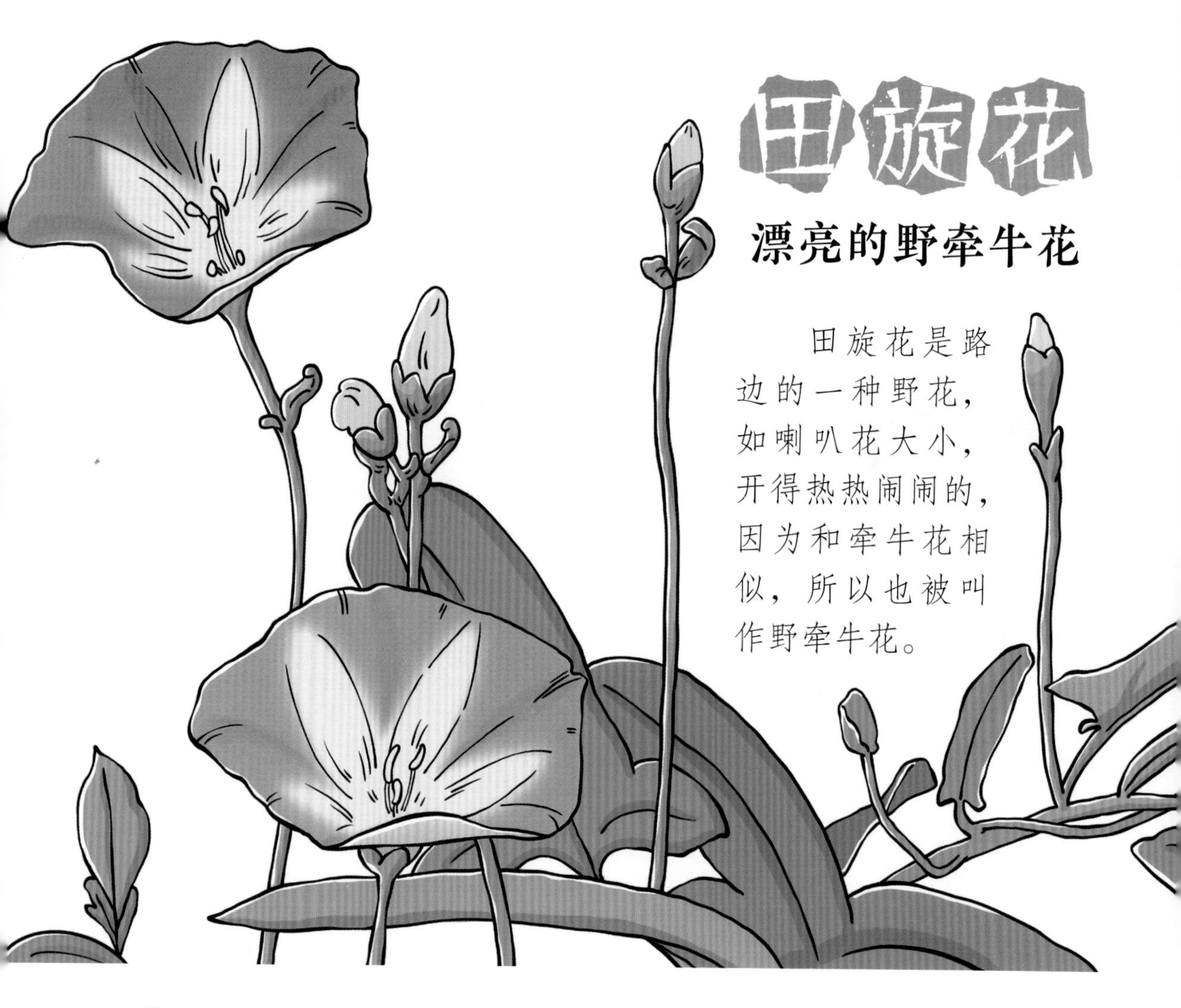

田旋花

漂亮的野牵牛花

田旋花是路边的一种野花，如喇叭花大小，开得热热闹闹的，因为和牵牛花相似，所以也被叫作野牵牛花。

漂亮的野草

田旋花花朵中间有一个白色的五角星，和花瓣外围粉红色的五角形状相互配合，非常好看。田旋花本身也是杂草，多生长在路边、水渠边、田埂上、野地里，缠绕在其他杂草或庄稼上，白色、紫色、粉色的花朵点缀在绿草间，微风拂过，像许多小精灵在绿毯上跳舞。

危害庄稼的野草

这么漂亮的田旋花可是“恶名昭著”的野草，许多农民朋友都很讨厌它。它根系发达，缠绕在农作物上，摘下来很麻烦，稍不注意就会伤害到农作物。防御田旋花非常困难，要等开花的时候将其销毁，且持续两三年才能根除。

蓖麻 种子有毒的作物

蓖麻是一种原产非洲的植物，在我们国家，它曾经被当作油料作物广泛种植。

蓖麻的特征

蓖麻是一种长得很高大，叶子非常肥大，而果实很像苍耳的植物。蓖麻的叶子像是手掌的样子分裂开来，花序圆锥形，上小下大，尤其是果实生长得比较诡异，不规则的花纹像是唱戏时画出的脸谱。蓖麻是一年生或多年生草本植物，喜欢在高温的环境生长，并且生长非常迅速，一年能长到 3~4 米高，有些甚至能长到 5 米多高。

蓖麻籽有毒

蓖麻毒素是从蓖麻籽中提取的一种毒物，在蓖麻籽被加工成蓖麻油的废料中也存在。蓖麻毒素可以以粉末、颗粒、薄雾的形式使用，也可溶于水或弱酸，是一种致命的毒素。蓖麻毒素不会通过接触渗透进皮肤，但如果被吸入呼吸道，可能引起呕吐、腹泻、呼吸系统疾病、内出血等，最终导致器官衰竭，且目前暂时未发现针对这种毒素的有效解药。

芦苇 浪漫的蒹葭

芦苇的特征

芦苇属于多年的水生或湿生高大禾草，一般分布在沟渠或河堤、沼泽旁边，世界各地均有生长。芦苇的根状茎比较发达，高度为 1~3 米；叶片呈现披针状线形，比较光滑；花序分枝很密集，夏秋花开；通过根茎繁殖。

“蒹葭苍苍，白露为霜，所谓伊人，在水一方。”——《诗经·蒹葭》中的蒹葭，指的就是芦苇。

芦苇的作用

芦苇一身都是宝，芦叶、芦花、芦茎、芦根、芦笋均可入药。芦茎、芦根还可用于造纸行业，以及生物制剂。经过加工的芦茎还可以做成工艺品呢。古时人们还用芦苇做成扫把呀。芦苇通常成片成片生长，形成苇塘，苇塘能净化污水、调节气候呢。

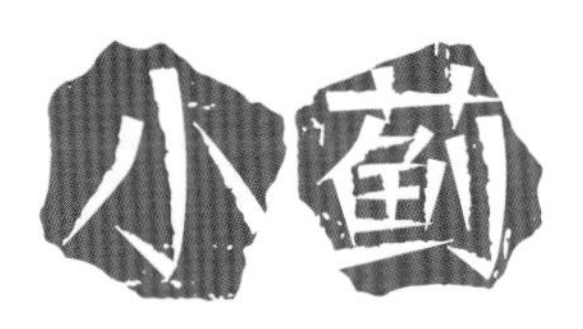

小蓟 满身都是刺

小蓟也叫刺儿菜，这个名字很好理解，就是嫩绿的叶片边缘长着密密的尖刺，很形象。

小蓟的花

小蓟是菊科多年生草本植物，有长长的地下根茎，在土中扎根很深，扁圆偏长的叶子和直茎上都有蛛丝状毛，未开放的时候它的花苞就像一个刺球，椭圆形，上面有毛刺。小蓟未开花时毫不起眼，但是盛开的时候却很惊艳。细长的紫色茸毛，针尖一样的花瓣像菊花一样向四周铺展开来。

小蓟也能吃

小蓟根系发达，适应性很强，非常耐旱，在极端条件下都能生长，因此，小蓟遍布田间、林地、路边，特别是农田，非常让人讨厌，是一种难以根除的田间杂草。尤其是它叶上的刺，拔除它的时候很容易刺破手指。别看小蓟长了一身的刺，它的营养价值却是很高的，春天的时候，它的茎和叶都可以食用。

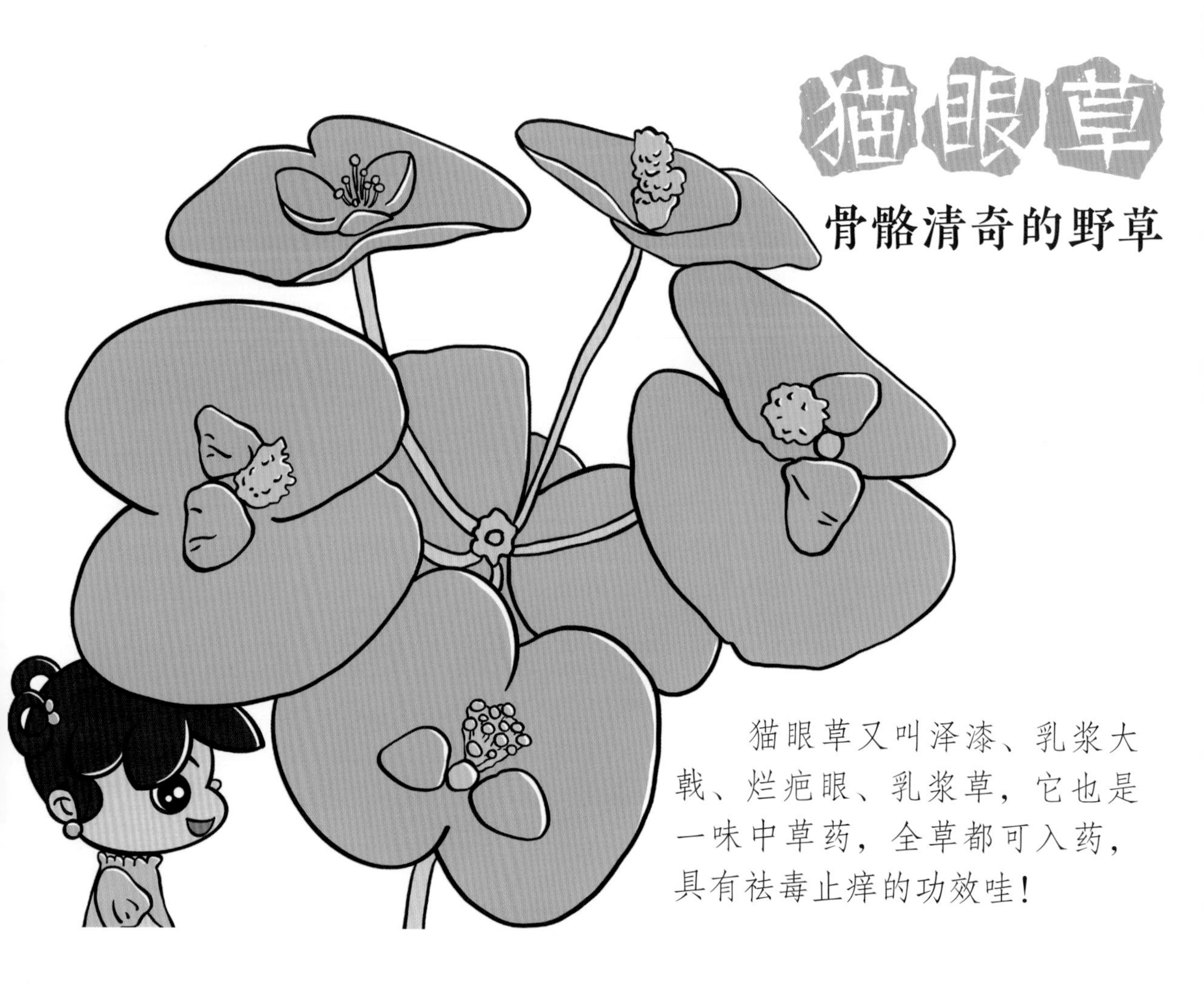

猫眼草

骨骼清奇的野草

猫眼草又叫泽漆、乳浆大戟、烂疤眼、乳浆草，它也是一味中草药，全草都可入药，具有祛毒止痒的功效哇！

奇特的猫眼草

猫眼草骨骼清奇，没有花朵，甚至看不到花瓣，只是在花萼中间，有个金黄色的圆盘，形状像猫咪的眼睛，所以才取名叫“猫眼草”。猫眼草属于大戟科植物的一种，它的根、茎、叶都含有乳白色的汁液，且茎的底部分枝很多，并带点点紫红色。

猫眼草有毒

正因为猫的眼睛经常在变换大小及色调，因此猫眼草的花语是善变，是不是很有趣呢？只不过，猫眼草可不像它的名字这么可爱呀，它是有毒的。如果误食了猫眼草，轻则出现头昏、恶心、腹泻、腹痛、嗜睡等症状，重则损伤肝脏，甚至中毒昏迷。

鬼针草 霸道的杂草

种子多且易萌发

鬼针草，真是一个让人听到都感到害怕的名字！不过这种草跟它的名字一样，的确是一种比较可怕的植物呢。鬼针草的生命力极强，在田野中到处都可以看到它，有时它还会霸占整片土地。而且它的针具有倒刺，人或动物走到它的身边，肯定会粘上鬼针，然后鬼针就会被传播到很多地方。由于它的种子轻巧，所以还能借助风力、水流来传播，不断扩大其分布范围。

霸道的杂草

鬼针草是一年生草本植物，茎直立，钝四棱形。茎下部叶较小，少数为具小叶的羽状复叶，两侧小叶椭圆形或卵状。早春低温时鬼针草比其他植物先萌发，幼苗生长快，能优先获得光合作用而快速生长，从而遮盖其他作物。鬼针草种子一年多次成熟，而且没有休眠期，在自然环境中能大面积扩散，危害其他作物。

三叶草 幸运草

在很多国家，三叶草代表着幸运，因为它被认为是只有在幸福国度中才有的植物，而扑克牌里的梅花就是代表幸运的三叶草。

三叶草的意义

三叶草是豆科或酢浆草科多年生草本植物，叶片形状为卵形或倒卵形，颜色为青绿色。三叶草叶子上有白色的条纹，开出白色的小花，花和叶子大小差不多。三叶草的花语是幸运，寓意为幸福，象征着简单、平静和幸福的生活。

三叶草家族

三叶草的品种较多，分为白车轴草、红车轴草、钝叶车轴草、白花酢浆草和天蓝苜蓿五种。白车轴草枝干光滑无毛，高度在10～30厘米；红车轴草直立生长，寿命在2～5年；酢浆草的叶子厚实一点儿，叶片上没有花纹，花色多样，通常花比叶子大很多。

彩叶草 多彩植物

彩叶草又名洋紫苏，为唇形科多年生草本或半灌木植物，常作一年生花卉栽培。

彩叶草的特征

彩叶草原产于印度尼西亚，现在世界各国广泛栽培。它的茎干呈四棱形，枝干上面都有毛覆盖，叶子对生状生长，卵圆形状，叶色由黄、白、红、紫、褐等各色镶嵌，非常美丽。花为浅蓝色或浅紫色，特别小，唇形，花期在夏、秋两季。

彩叶草品种有多少

彩叶草的变种、品种极多，五色彩叶草叶片有淡黄、桃红、朱红、暗红等色斑纹，长势强健。黄绿叶型彩叶草，叶小，呈黄绿色，矮性分枝多。皱边叶缘裂而波皱大叶型具大型卵圆形叶，植株高大。彩叶草的花期为夏、秋季。盆栽彩叶草一般花期11~12月，冬季盆栽观花。

紫苏 辛香调味料

紫苏是一种一年生直立草本植物，具有特异的芳香，紫苏叶一般用来做调味料。

紫苏的特点

紫苏是一种生长适应性很强的植物。紫苏的茎干呈绿色或紫色，形状是钝四棱形，上面有四槽，被柔毛覆盖；其叶子呈阔卵形或圆形生长，顶端的形状是短尖或者是突尖，基部呈圆形或者阔楔形，在叶子边缘具有粗锯齿，叶的表面也是绿色或者紫色。紫苏的花上有茸毛覆盖，花比较大，多是红色或淡红色。

特别的气味

紫苏有着特别的辛香气味，这是因为紫苏全株中具有挥发油成分。其中有紫苏醛、紫苏醇、薄荷酮、薄荷醇、丁香油酚、白苏烯酮等数种基础化合物。另外，还有大量的相关复杂衍生物、取代物，它们共同组成了紫苏挥发油成分。

薄荷 芳香良药

薄荷全株气味芬芳，有淡紫色小花，样子很像嘴唇，花谢以后会结出暗紫棕色的果实，果粒较小。

薄荷的外貌

薄荷是唇形科薄荷属的多年生宿根草本植物。它的茎直立，高度在30~60厘米，叶子为披针形或椭圆形，边缘有粗大的锯齿，表面为淡绿色。其花为轮伞花序，一般生长在叶腋间，花冠为淡紫色，表面有柔毛。它一般在7~9月开花，10月结果，果实暗紫棕色。

薄荷作用多

薄荷有20多个品种，栽培生长比较容易。其中用于烹饪的有两种，一种是胡椒薄荷，因为它的香气最浓郁；另一种是绿薄荷，其味道清香甘凉。它可以兴奋味觉神经，刺激口腔黏膜，增加胃黏膜的活力，改善消化系统功能。小朋友如果积食或消化不良，可以尝试吃点儿薄荷呀！

柠檬草

芳香怡人的茅草

柠檬草，也叫柠檬香茅，是一种能散发出沁人心脾香味的药草植物。

柠檬草的特征

柠檬草叶子的香味是柠檬味，叶子呈狭叶形，颜色为灰绿色；花的形状呈圆锥形，颜色为灰色，身高大约有 150 厘米。柠檬草喜欢在温暖湿润的气候、排水性良好的土壤中生长，在印度和马来西亚的种植历史比较悠久。柠檬草有健胃消食、消毒抗菌等功效，可以当作茶来饮用。

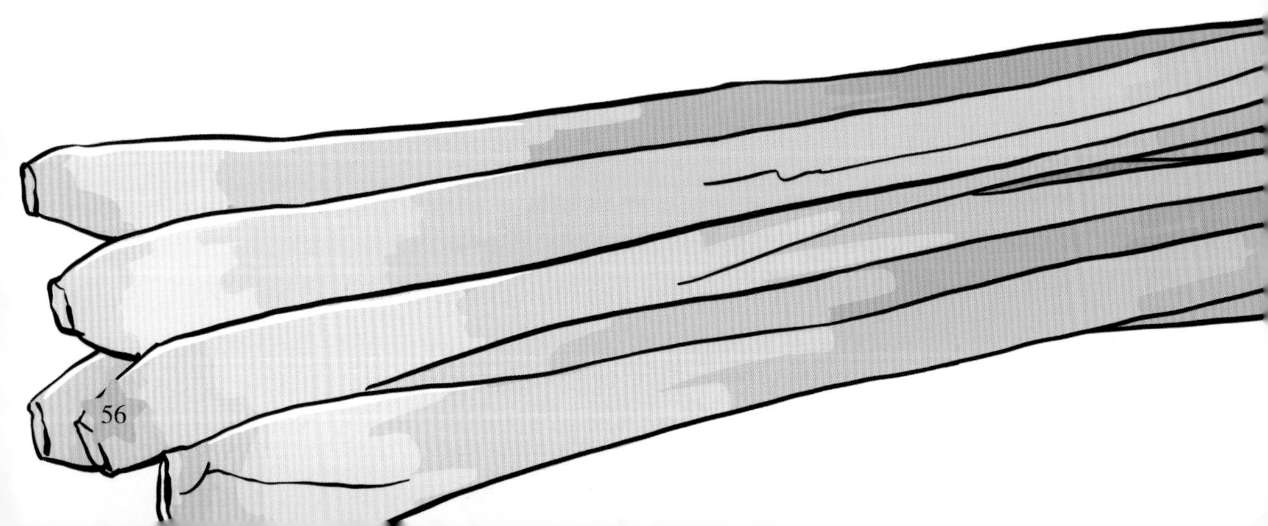

清香怡人

柠檬草的叶片非常像野外的茅草，但是外形比茅草秀气，而且柠檬草还能够散发出一种淡淡的柠檬香和草本清香，是某些香水的提取来源，很适合养在家中，作为香氛植物。而且，柠檬草散发出来的芳香物质，不仅香味怡人，还能够起到消毒杀菌的效果，让室内的空气变得清鲜优雅。

甘草

中草药里的国老

甘草是豆科甘草属多年生草本植物，药用部位是根状茎，有特殊的甜味，是一种补益中草药。

为什么是中草药里的国老

《本草纲目》关于甘草的记载是:“诸药中甘草为君，治七十二种乳石毒，解一千二百草木毒，调和众药有功，故有‘国老’之号。”意思是说，甘草能解很多种毒，能调和其他药材的药效，所以被称为中草药中的“国老”。它在中医治病处方中用途极为广泛，东汉张仲景《伤寒杂病论》中的256个处方，60%以上都含有甘草。

不挑剔生长环境

甘草对生长环境从不挑剔，在漫长的演化过程中，它已经习惯了新疆、内蒙古、宁夏、甘肃、山西等地的干旱气候，在沙土中也能顽强存活。喜光耐旱的甘草不仅在我国北部的干旱地区广泛分布，在欧洲、美洲及澳大利亚等地也有它的身影。公元前18世纪的《汉穆拉比法典》中，就记载了甘草。

蛇莓

鲜艳的杂草

为什么叫蛇莓

蛇莓是一种爬地植物，首先是蛇莓的生长环境。蛇莓属于耐阴的植物，喜欢生长在阴暗潮湿的地方。蛇莓成熟之际，正是蛇刚刚结束冬眠，正苏醒准备出洞觅食的时候，而蛇莓的植株低矮，结的果子也在地上，所以人们觉得长在地上的蛇莓一定是被蛇爬过的。而且蛇莓长得异常鲜艳，蛇莓生长期正是蛇的繁殖期，常常能看到很多蛇在蛇莓的草丛中聚集，所以很多人就误以为蛇喜欢吃这种果实，而称其为蛇莓。

蛇莓颜色鲜艳，模样小巧，绿绿的叶子上拖着红红的果实，着实诱人，让人忍不住想摘下一个来尝一尝。但是蛇莓有毒，千万不要吃。

蛇莓不是草莓

蛇莓是一种蔷薇科植物，除西北以外，在我国各地均有分布。蛇莓生长之际会开出非常鲜艳的黄色小花，等花儿谢了之后，便会生长出像草莓一样的果子，有樱桃般大小。虽然蛇莓的样子像草莓，但是蛇莓的果子非常小，跟草莓有很大的区别。

香蒲

河边的香肠花

香蒲的外形

香蒲是生长在河边的一种杂草，它的花就像“香肠”一样，高高地竖立在茎秆上。它的根生于水下淤泥之中，植株挺立出水，茎秆由下向上慢慢变细，叶子长条形。它是雌雄同株，雌花长大后比较明显，整个植株最明显的特征就是从开花到结果一直保持着“棒子”形态的花序，跟“香肠”很像。

香蒲为多年生落叶、宿根性挺水型的单子叶植物。因为它的穗状花序像蜡烛，故又称水烛。

蒲黄是良药

香蒲高高耸立，有优雅的叶子和奇特的果实。而香蒲的花粉是一味很好的药材，在中药上称为蒲黄。蒲黄在中国有着悠久的应用历史，具有活血化瘀、止血镇痛的功效，还可以消炎、增强人体免疫力。

白蒿 可以吃的野草

叶子的变化

白蒿有一个特别神奇的地方，它的叶子会随着水分的多少而时刻发生变化，要是它生长的地方缺少水分，它的叶柄就会呈紫红色，叶片也会变得比较细；要是换在潮湿的地方生长，它的叶子会变成绿色的，而且也会生出茸毛，叶片也会比较宽。

白蒿是菊科植物大籽蒿的全草，二年生草本植物，主根单一，茎多分枝，茎、枝上都有白色茸毛覆盖着。

可以吃的白蒿

白蒿呈浅绿色，叶子很多，就像菠菜一样有好几片，但是颜色没有菠菜那么深，最突出的特征就是叶子上面有一层薄薄的雾色的毛毛。白蒿菜有点苦，是可以吃的。把白蒿当蔬菜食用时可以做成凉拌菜，也可以炒熟以后食用。

鸭跖草

花像鸭掌

鸭跖草的叶子像竹叶，茎是一节一节的，因此，也被叫作碧竹子。

鸭跖草的特点

鸭跖草的雄蕊有6枚，分为三种形态，最长的雄蕊比较正常，有两枚，跟雌蕊一样长；中间有一枚U形的雄蕊；靠近蓝色花瓣的地方还有3枚，这3枚长得奇特，放大看像是黄色的蝴蝶。鸭跖草的苞片也很有特色，像鸟嘴，花谢后，苞片一直保留着，直至种子成熟。另外，鸭跖草的蓝色花瓣被日光一照就会蜷缩起来。

紫鸭跖草不是鸭跖草哇

紫鸭跖草和鸭跖草虽相差一个字，但它们是完全不同的植物哇。鸭跖草是鸭跖草属，紫鸭跖草是紫露草属。而紫鸭跖草的学名是紫露草，是一种多年生的披散草本植物，一般植株都比较矮，高在20~50厘米。紫鸭跖草的茎分枝较多，颜色为紫红色。它的花也比较小，呈柱状，花是桃红色或白色的。

鱼腥草

蔬菜里的“臭豆腐”

让人爱恨交织的鱼腥草

鱼腥草奇特的味道，注定了它在杂草界有着不同凡响的地位。和榴莲、臭豆腐、螺蛳粉这些美食一样，鱼腥草也有两极分化的情况，喜欢它的人恨不得每天都能吃上它，讨厌它的人一闻到它的味道就觉得不舒服，闻味而却步。

鱼腥草，顾名思义，就是根、茎、叶都有股鱼腥味的植物，在中国南方，人们更习惯把它称为折耳根。

鱼腥草的作用

鱼腥草之所以有奇怪的味道，是因为鱼腥草根茎中有一种叫鱼腥草素的化学物质。可别小瞧这股怪味呀，鱼腥草素可是有抗菌消炎的作用呢，它能有效抑制金黄色葡萄球菌、流感嗜血菌、肺炎链球菌等病菌生长，对人体健康有益。也正因为如此，鱼腥草还得了个“植物抗生素”的美誉。

葎草

长着倒钩刺的藤蔓

葎草的特点

葎草属于多年生缠绕草本植物，茎、叶、枝都有倒钩刺。它的叶片呈掌形，长、宽均为7~10厘米，表面比较粗糙，背面有茸毛，边缘呈锯齿状。葎草的匍匐茎生长蔓延迅速，常缠绕在农作物或者果树上，严重影响其他植物的生长。另外，因其倒刺对人的皮肤易造成伤害，也会妨碍人们的生产活动。

葎草，俗名拉拉藤。叶子和茎布满毛刺，手不要触碰到它，否则会被刺伤啊！

繁殖能力很强

每年秋季正是葎草开花的季节，暗紫色的花苞十分可爱，总是会吸引许多蜜蜂和蝴蝶。但是，我们不能被它的可爱蒙蔽了。葎草的生长和繁殖能力很强，一棵植株可以繁殖出上万棵，所以它所到之处总是成群结队的一大片。

香菜的好兄弟

天胡荽是伞形科天胡荽属植物。多年生草本，有气味。茎细长而匍匐，平铺地上成片，节上生根。

香菜的兄弟

说起天胡荽的外貌，最大的特征就是它长得像匍匐在地面上的香菜。最令人惊奇的是，香菜的学名也叫芫荽、胡荽。那么，这个天胡荽和香菜有关系吗？很明显，两者是好兄弟，都属于伞形科天胡荽属，只是两者在模样上还是有略微区别的。

天胡荽和香菜的差别

两者最为显著的区别之一就是所开出的花。天胡荽在花期会开出绿白色的小花朵；而香菜开出的花，并不像它的气味那样引人注目，是一簇一簇粉粉的带点淡紫色的小花束，看上去和满天星有点相似。而且，天胡荽一根茎上只会长出一片叶子，然后生长起来以成片成片为主，所以我们在野外经常会看见地面一大片的天胡荽，很少会见到单个的；而香菜都是一棵一棵生长的，个头也比天胡荽大。

藜 药食两用的野菜

藜是一年生草本植物。它不仅是一种野菜，还是一味药材。

藜的特征

藜，又名灰菜、灰涤菜、胭脂菜，产于我国南北各地，生于路旁、荒地、田间、房前屋后。藜的枝茎粗壮，叶片长卵形，背面常有白白的粉末。花是绿色的，很小，很多花朵聚集而生。藜可作为牲畜饲料，入药可止皮肤瘙痒或治疗腹泻。

藜的象征意义

孔子周游列国来到陈、蔡两国之间时，两国的大夫却商议，将孔子及其弟子一行人围困在郊野，不动手杀戮，而等其粮绝而饿死。干粮耗尽后，孔子便带领弟子们就地采摘名为“藜藿”的野菜煮制成汤羹。这野菜滋味寡淡，难以下咽，孔子却欣欣然吃下野菜汤。后来楚兵前来解围，而孔子甘之如饴的藜藿汤羹也被士大夫们看作清贫困顿却不失气节的象征。这里的藜藿，就是藜。

图书在版编目（CIP）数据

野草世界 / 吴昊编著 . -- 哈尔滨 : 黑龙江科学技术出版社 , 2022.1
（植物图鉴）
ISBN 978-7-5719-1193-5

Ⅰ . ①野… Ⅱ . ①吴… Ⅲ . ①野生植物 – 儿童读物 Ⅳ . ① Q949-49

中国版本图书馆 CIP 数据核字 (2021) 第 234208 号

野草世界
YECAO SHIJIE

作　　者　吴　昊
策划编辑　深圳·弘艺文化 HONGYI CULTURE
封面设计
责任编辑　徐　洋
出　　版　黑龙江科学技术出版社
地　　址　哈尔滨市南岗区公安街 70-2 号
邮　　编　150007
电　　话　（0451）53642106
传　　真　（0451）53642143
网　　址　www.lkcbs.cn
发　　行　全国新华书店
印　　刷　哈尔滨市石桥印务有限公司
开　　本　1/24
印　　张　15 5/6（全 5 册）
字　　数　100 千字（全 5 册）
版　　次　2022 年 1 月第 1 版
印　　次　2022 年 1 月第 1 次印刷
书　　号　ISBN 978-7-5719-1193-5
定　　价　99.00 元（全 5 册）

树木森林

吴昊　编著

前言

自然界的树木多种多样。

翻开这本书，你会看到：

桂花树能香飘十里；

银杏树是植物界的活化石；

松柏能四季常青；

罗汉松名为罗汉实际却很娇气；

杨柳是世界上最多的环保树，可是它们的飞絮却惹人烦恼……

树木可是人类的好朋友哇，它们能调节气候、净化空气、预防风沙、降低噪声，还能制造氧气、吸收粉尘等。它们保护环境、保护我们生活的地球，是非常了不起的地球小卫士。我们也一样，要保护树木、保护森林，减少森林资源的消耗。

接下来让我们一起走进丰富多彩的树木世界吧！

乔木

乔木是指树身高大的树木，它最根本的特点就是高而大，有一个明显直立的主干，通常高 6 米以上，树干和树冠有明显的区分。乔木按高度可分为四个等级：伟乔木 31 米以上，大乔木 21 ~ 30 米，中乔木 11 ~ 20 米，小乔木 6 ~ 10 米。

乔木按冬季是否落叶又分为落叶乔木和常绿乔木。

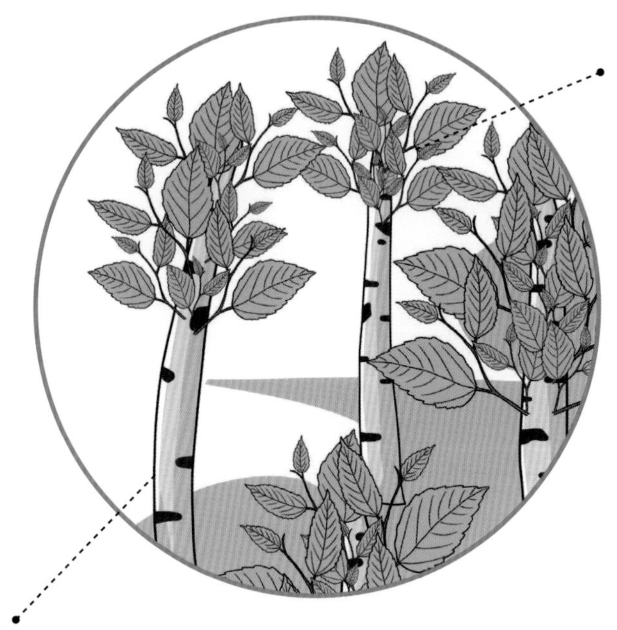

目录

桂花树——香飘飘的四季常青树 6
银杏树——植物界的“活化石” 8
槐树——朝气蓬勃的吉祥树 10
松树——四季常青树 12
柏树——百木之长 14
罗汉松——娇气的长寿树 16
水杉——离不开水的树 18
白桦树——顽强的白桦林 20
山楂树——糖葫芦的原料 22
梧桐树——凤凰落脚的地方 24
刺桐——带刺的树 26
杨树——世界最多的环保树 28
柳树——无心插柳柳成荫 30
椴树——甜蜜树 32
樱花树——春天的象征 34
香樟树——可做防虫剂的大树 36
紫檀树——帝王之木 38
桑树——农耕时期的神树 40

CONTENTS

榕树——独木可成林……………………………42

栾树——漂亮的风景树……………………………44

柚木——千年不腐……………………………46

臭椿——并非传说中的长寿树……………………………48

香椿——春天的一道蔬菜……………………………50

榆树——榆木疙瘩……………………………52

桉树——可怕的霸王树……………………………54

槭树——五颜六色的观赏树……………………………56

枫树——火红的叶子……………………………58

发财树——曾经土气的树木……………………………60

凤凰木——热情如火的植物……………………………62

合欢树——花和皮可入药……………………………64

椰子树——热带的绿巨伞……………………………66

棕榈树——南国常青树……………………………68

菩提树——觉悟之树……………………………70

楝树——漂亮的紫花树……………………………72

楠木——名贵的木材……………………………74

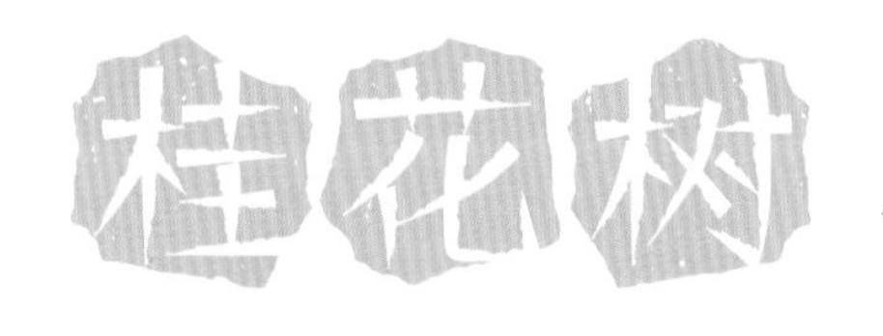

香飘飘的四季常青树

桂花树的香气非常浓郁，据说能飘到十里之外呢。如果要评选最香的树，那一定首选桂花树。

桂花香，香飘飘

桂花可真香呀，只要从树下经过，似乎就能沾上一身甜甜的香味儿呢！想知道为什么桂花这么香吗？那是因为桂花中包含着多达几百种的挥发性化合物，其中包括了青草香、苹果香、甜橙香等香味儿，很多种不同的香味融合在一起，就形成了我们闻到的桂花香。

“常青树”什么样呢?

桂花树喜欢生长在温暖的地方，它的树皮是灰褐色的，树枝是黄褐色的，上面的叶子一年四季都绿油油的，用手轻轻摸一摸，滑溜溜的，正是它们形成了桂花树飘逸的姿态。在桂花树高大的树身下，是十分发达的根，它们能深入地底深处，寻找到充分的水分和养料，让桂花树长得又高又壮。桂花树的根很长，是黄褐色的，和它们树枝的颜色很像。

植物界的“活化石”

银杏树是古老的裸子植物，是世界上十分珍贵的树种之一，因此被称为植物界中的“活化石”。

长寿树

银杏树的适应能力很强，对气候、环境以及土壤要求很低，无论是在高温环境，还是在低温环境中，它都能生长，抗病能力还超强呢。银杏树生长得特别慢，从栽种到结果就要二十多年，而且它的寿命极长，能活上千年呢。

美丽的银杏叶

银杏树的树干又粗又高，枝叶特别茂盛。它的叶子很有特点，就像是一把打开的小扇子，所以银杏树还被称为千扇树。银杏叶初长成是绿色的，到了秋季，叶片会变成金黄色，在阳光的映照下，全身透亮，金灿灿的，看上去美极了。

槐树 朝气蓬勃的吉祥树

槐树又叫国槐，树形高大，花比较小，颜色为白色或淡黄色，可以直接吃，也可做中药或染料。

生命力旺盛的大树

槐树有着极其旺盛的生命力，如果养护得好，它们可以存活几十年甚至上百年。槐树对环境的适应能力很强，生长速度也非常快，在水源、日照、肥料充足的情况下可以健康地生长，一年就可以成形，所以它还象征着生命的活力。

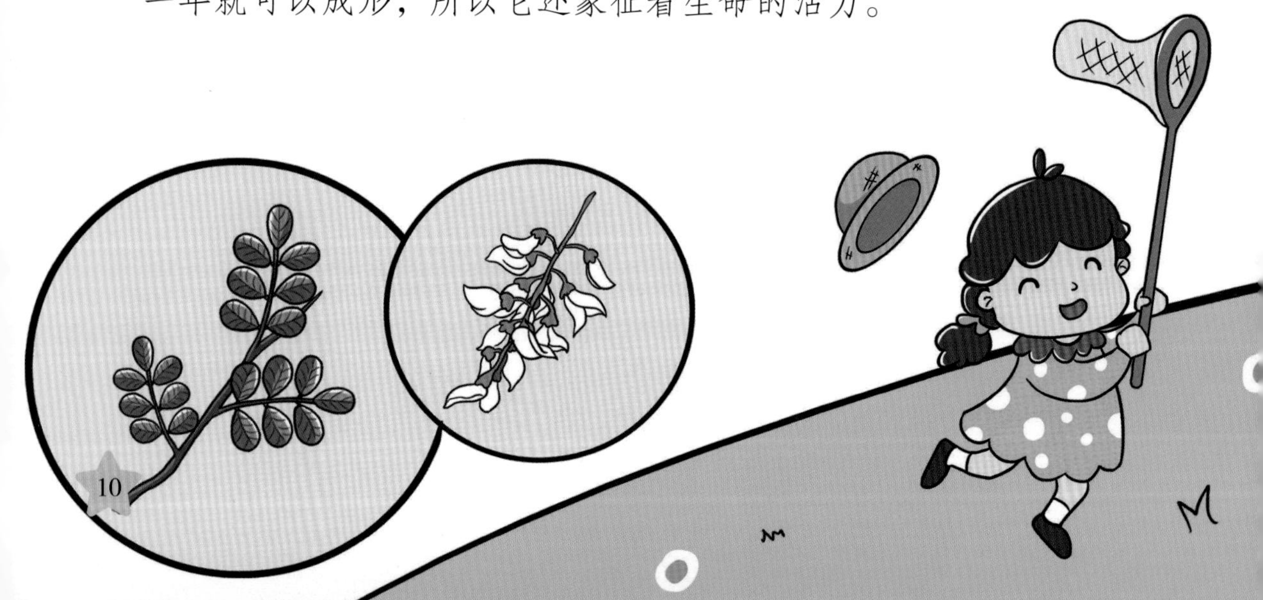

槐树是什么样子呢?

槐树是一种落叶乔木，它最高能长到25米，树冠为圆形。它的叶子比较小，是椭圆形的，颜色是墨绿色，并且叶片带有一些茸毛，分布比较密集。槐花像一只只小小的蝴蝶，颜色是浅黄色或者白色，槐花的花期一般是6~8月，10月结果。槐树能够吸收有毒气体，从而净化空气，是改善环境的小帮手呢。

松树 四季常青树

寒冷的冬天一到，大部分树木就开始落叶，但只有松柏依旧挺得直直的，穿着绿装，生机勃勃，是坚定、长寿的象征。

岁寒三友之一

中国人自古以来就对松树怀有一种特殊的感情。松树耐阴、抗旱，四季常青，无论在多么恶劣的环境下，都仍然直立地生长着，以正直、坚强、朴素为美，象征着坚强不屈的品格。人们还把松、竹、梅誉为“岁寒三友”。松树同时象征着坚贞不屈、毅力非凡、非常坚强的人。

松树为什么四季常青呢?

松树四季常青主要是因为它的叶子，它们一般都呈针形、线形或鳞片形，由于叶片面积小，水分不容易蒸发散失，所以不容易发黄。而且有的叶片具有厚的角质或蜡质，或者有很厚的茸毛，这些构造都有效地阻止了水分的蒸发，让叶片不容易发黄。松树叶子的生长周期比较长，一般为 3~5 年，会不定期地落部分叶，所以我们看到的松树总是四季常青的。

形状优美的墨绿圆锥体

柏树属柏科常绿乔木。柏树的分枝很密，小枝细、弱、多，枝叶浓密，树冠完全被枝叶包围，从一侧看不到另一侧，就像一个墨绿色的大圆锥体。柏树的叶子很小，呈片状或小刺状，枝叶四季常青，树形优美。柏树材质坚硬，耐腐蚀、耐干旱。几百年以至上千年的老柏树，仍然苍劲挺拔、枝繁叶茂，因此被誉为“百木之长”。

奇特的香味

柏树的枝叶都会散发出奇特的香味，这种香味对柏树来说，有防虫害的作用，但是对人来说有点儿害处。短时间闻着这种气味不会有很大的影响，但要是长时间闻，就会影响人的食欲。一些体质弱的人，如果长时间处于柏树的香味中，就容易出现恶心、头晕等症状，尤其是孕妇、小孩、生病的老人，对柏树的香味更加敏感。

罗汉松 娇气的长寿树

罗汉松生长缓慢，寿命长，可达几百岁，甚至千岁以上。

罗汉松的由来

罗汉松又被叫作罗汉杉、土杉等。罗汉松可高达18米，树叶呈螺旋形排列。因为它的果实成熟时是红色的，加上绿色的种子，而且种托大于种子，好像穿着红色僧袍的和尚，所以被命名为罗汉松。罗汉松是国家二类保护植物，树龄可达百年甚至千年，寿命很长，因此具有长寿的寓意。

罗汉松是一种娇气的松树

罗汉松名字中虽然也有一个松字，但是它和一般的松树差别很大，不像一般松树耐寒、耐热。相比较而言，罗汉松是一种比较娇气的松树了，它喜欢温暖、湿润的环境和肥沃沙质的土壤，但是它需要夏季没有酷暑湿热，冬季没有严寒霜冻。所以，它在沿海平原上能生长，在北方就只能盆栽了。

水杉 离不开水的树

水杉是一种落叶乔木，高大挺拔，叶片为条形，喜欢湿润的环境，在潮湿的地方生长最快。

水杉的生长环境

水杉的名字虽然有个水字，但并不是说这种植物就是长在水里的，只是说明水分是水杉生长的重要条件。水杉喜欢温暖、湿润的气候，多生长于地势平缓、土层深厚、湿润或有积水的地方。最适合水杉生长的温度为18℃左右。水杉喜欢阳光，经受不起贫瘠和干旱，生长速度的快慢常受土壤中水分多少的支配，移栽很容易成活。

水杉的意义

水杉是世界上的稀有物种之一，在白垩纪时期，地球上就已出现水杉类的植物，并广泛分布于北半球。冰川时期之后，这类植物几乎全部灭绝。在欧洲、北美和东南亚等地区的地层中均发现过水杉化石，因此，水杉对于人们研究远古时期的植物、气候、地理有着重要的意义。

白桦树

顽强的白桦林

高大挺拔的白桦树，生命力顽强，象征着纯洁、刚直的品格。白桦树是俄罗斯的国树，是这个国家的民族精神的象征。

白桦树的特征

白桦是落叶乔木，树干可达25米高呢。它有着白色、光滑得像纸一样的树皮，可分层剥下来，还可以用铅笔在树皮上面写字。白桦的叶边缘有锯齿。春天来临的时候，树上的叶还没长出来，它的花就开了。白桦树的果实扁平、很小，叫翅果，很容易被风刮起来飘到很远的地方去。

白桦树生命力极强

白桦树喜欢阳光，生命力强，在大火烧毁森林以后，首先生长出来的一般是白桦树，常形成大片的白桦林，是形成天然林的主要树种之一。白桦木材可做一般建筑木材及用于制作器具，树皮可提炼桦油。在中国的北方，在草原上、在森林里、在山野路旁，都很容易找到成片茂密的白桦林。

山楂树

糖葫芦的原料

山楂树的果实就是山楂果，山楂果可是做糖葫芦的原料哇，酸酸甜甜的，美味极了，大人小孩都很爱吃呢。

山楂树的特征

山楂树是一种落叶乔木，树皮暗灰色，有的有刺，有的没刺；叶子的形状是卵形，花是白色的；果实呈球形，深红色，有小斑点，味酸，可以吃也可入药。山楂树适应性强，即使在山岭薄地，生长发育也比其他果树要好。

山楂树的象征意义

在俄罗斯歌曲《山楂树》中，一位姑娘在春天里，同时得到两位青年的求爱，她左右为难，在山楂树下徘徊，请山楂树帮她拿个主意。因此，在俄罗斯，山楂树被看作故乡和家园的象征，同时也象征着姑娘和爱情。

梧桐树 凤凰落脚的地方

梧桐树高大笔直，算得上是中国传统文化中的树中之王。

梧桐树的特征

梧桐树是一种高大的大型落叶乔木，直立挺拔，有着翠绿色的树皮，且表面很光滑。叶子生长位置较高，且叶多繁茂，叶片形状是掌状的，叶片较大而且颜色翠绿。落叶则呈现金灿灿的黄色。花萼一般为紫红色，花冠白色或带粉红色，盛开时显得鲜艳而明亮。

梧桐树的文化意义

在中国古代传说中，梧桐树可以引来金凤凰，凤凰是人们心中的祥瑞之鸟，而许多传说中的古琴也都是用梧桐木制造的。因此，在庭院中种植梧桐树，代表着对平安祥瑞的渴求。

刺桐 带刺的树

刺桐是落叶乔木，因为枝上有明显的短圆锥形黑色直刺，所以得名刺桐。

带刺的树

自然界带刺的植物不少，最有名的要数玫瑰、仙人掌，玫瑰的刺长在茎上，仙人掌的刺长在叶上，而有种植物的刺不在茎也不在叶上，而是长在枝上，这就是刺桐。刺桐在乔木中是属于身形比较高大的树木了，最高可达20米，外观挺拔，高耸入云，看起来十分强健有力。刺桐不仅拥有身形高大的外观，还可以结出非常美丽的花朵。

美丽的刺桐花

刺桐是豆科植物中的一员，豆科植物最大的特色就是它的蝶形花，而刺桐的花当然也具有如此特色。夏天一到，刺桐就会开出火红的花朵，在绿色枝叶的映衬下，显得格外热闹。刺桐的花瓣喜欢花团锦簇地生长，远远看起来像一朵朵火红的小太阳，给人带来温暖和明亮的感觉，因此观赏价值极高。

世界最多的环保树木

杨树是杨属植物落叶乔木，它共分为五大派：青杨派、白杨派、黑杨派、胡杨派、大叶杨派。杨树生长迅速，高大挺拔，树冠昂扬，是最早能形成遮阳作用的树，也是目前世界上种植面积最广的环保树木。杨树树干通常端直，树皮光滑或纵裂，常为灰白色。杨树外形美观，粗枝大叶，叶片正面绿色，背面通常为白色，树叶富有黏质，有强烈的香味。

杨絮是怎么产生的

春末夏初，柳树、杨树开始飘絮，一般来说是“先柳絮，后杨絮”，但它们的飞絮从外观上并不容易分辨出来。飞絮是杨树开花后通过雌雄花授粉后发育产生的种子，种子很小，其上附着白色絮状物，随风传播，一般树龄越大产生的飞絮越多。杨絮本身为棉纤维，并不会引起过敏，但是在飘浮过程中粘上灰尘和花粉等，就有可能给人造成不适。一般 5 月以后飘絮基本上就结束了。

柳树 无心插柳柳成荫

柳树树形优美，发芽早、开花早、落叶晚，早春满树嫩绿，是公园中主要观赏树种之一。

柳树的特征

柳树大多种植在河边、湖边，常常与碧绿的桃树、紫叶的李树等树种搭配种植，桃红柳绿，一派明媚春光。柳树是一种大型乔木。它的枝干呈圆柱形，叶子翠绿，细长细长的，有的边缘有锯齿。在幼苗期，树干的表皮光滑，颜色为浅绿色；在成年期，树干表皮有沟状凹槽，颜色呈灰褐色。它可以吸收空气中的有害气体，并释放氧气。

柳树再生能力强

柳树虽然为中性植物，但各种柳树都具有耐水特性，适于生长在水分条件良好的地方。柳枝比较柔软，而且很长，很多是能垂到地上的。春末夏初的时候会有柳絮到处飘。柳树的枝条有很强的再生能力，只要气候适宜，插入土中很容易就能生根，柳树很快就能长成一大片。

椴树

甜蜜树

椴树是落叶大乔木，花序和果序上有独特的大型叶状苞片，通常倾斜生长在基部，所以很容易区分。

椴树的特征

椴树是世界五大行道树之一。椴树树体高大雄伟，树冠浓密紧凑，呈塔形结构。椴树病虫害少、抗寒性强、耐移栽、适应性强。椴树还是大乔木中难得的香化树种。椴树花通常在初夏盛开，花朵非常多，还很密，香甜怡人。

甜美的椴树蜜

古人把椴树称作蜜蜂树、白蜜树，寻找野生蜂巢总是要到椴树林里去，因为在那儿蜜蜂才会出现，且繁殖速度快，储蜜很多。人们就说：“没有椴树招不来的蜜蜂。”因此，椴树意味着甜蜜，人们还称椴树为“糖树”呢。

樱花树 春天的象征

春天到了，草长莺飞，百花齐放。樱花，是春天最美的一道风景线。

樱花树的外形

樱花树属于落叶小乔木，树皮呈紫褐色，平滑有光泽，有横纹，树一般高4~8米。叶片呈椭圆形或倒卵状，上面有网格，边缘有锯齿，表面深绿色，有光泽，背面颜色稍淡一些。樱花在春天开始萌芽抽枝，它的嫩叶的颜色因品种不同而有较大的差异，有的是红褐色，有的是淡绿色。随着叶龄增加，樱花树成熟的叶片都会变为绿色。

美丽的樱花

说起樱花，很多人首先想到的是日本樱花。其实樱花原产于中国喜马拉雅山脉。早在秦汉时期，宫廷中就已经开始种植樱花了，中国才是樱花的起源地。樱花的开花时间在3月左右，花为粉红色或白色。樱花是早春重要的观花树种，被广泛用于园林观赏。

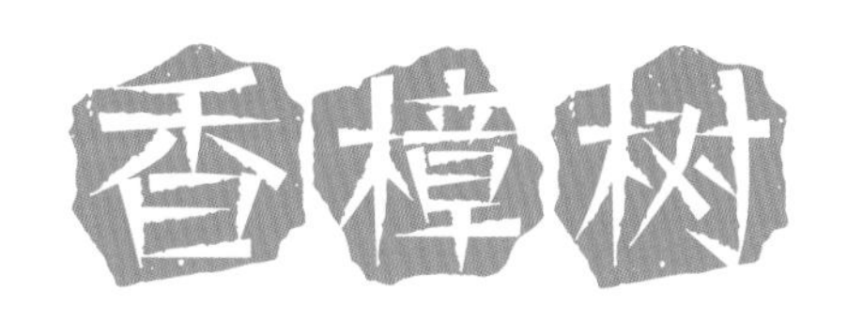

香樟树 可做防虫剂的大树

香樟树是常绿大乔木。香樟的枝、叶在破裂之后都会散发出樟脑香气，这种香气能够驱逐蚊虫。

生活中的“防虫剂”

香樟树有一股特别的气味，正是这香味，使得木材不容易被虫子咬烂，所以香樟的木材也是非常理想的船只、橱箱和建筑等用材。除了驱虫之外，香樟也被用来制药和制香料，在医学上用作强心药。它的木材及根、枝、叶都能够用来提取樟脑和樟油，提取物可供医药及香料工业使用。

香樟树的特征

生长良好的香樟树能够长到 30 米的高度呢，它的树干直径能够长到 3 米宽，有着圆柱形的淡褐色枝条和黄褐色的树皮，树皮上还会有不规则的纵裂纹。叶子为椭圆形，叶面为绿色或黄绿色，光滑而又有光泽。在许多人的印象中，香樟树仿佛一直是绿叶如茵的样子，实际上它也是会开花的。每年 4~5 月，就是香樟树开花的时候了，它的花色为绿白或黄色。

紫檀树 帝王之木

紫檀多产于热带、亚热带原始森林，它有些特别，属于豆科紫檀属常绿大乔木，能长到15~25米高呢。

紫檀的特点

紫檀树的叶子为羽状复叶。树皮的颜色通常是深棕色，纹理呈矩形块状。长大之后，树皮会开裂，如同一格一格的网格。划开树皮时，会渗出红色树胶。一般每年4~5月，紫檀会开出黄色的小花。这些小花非常喜欢热闹，总是一簇一簇地簇拥在一起。到了5~7月，紫檀树会结出红棕色翼状豆荚，里面有1~2颗种子。

为什么被称为帝王之木呢?

紫檀质地坚硬，色泽从深黑到红色，变幻多样，纹理细密，有许多种类。紫檀的生长速度非常缓慢，5年才长一年轮，要800年以上才能成材，硬度为木材之首，所以被称为“帝王之木”。

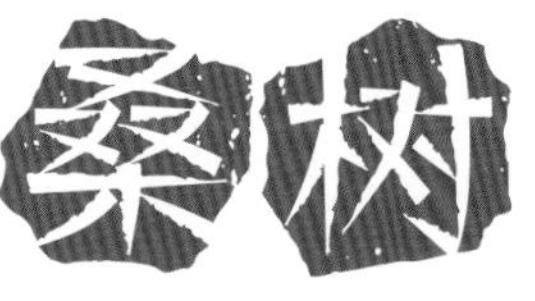

桑树 农耕时期的神树

桑树为桑科桑属下的落叶乔木，原产于我国，是我国古老的树种之一。

桑树的历史

早在先秦时期，桑树就推动了农耕文化的发展，也成了人们心中的神树。有资料记载，周天子祈福祭天，就会选择在桑林进行。人力鼎盛，才会国家强大，因此，那时候的人崇拜生育。而桑葚多子，人们向往这样生育繁衍的能力，所以桑树也就成了神树。

桑树的特征

桑树属于落叶乔木，可长到 15 米高。树干表皮呈黄褐色，叶子呈卵形，顶部较尖，边缘呈锯齿状，叶面有光泽，背面有疏毛。一般在 5 月开花，果期在 6~7 月。桑树的果实叫桑葚，呈圆柱形，刚长大时是绿色的，尝起来清淡无味；半熟时呈红色，味酸；长到深紫色时，尝起来就很甜了。

榕树 独木可成林

榕树又称万年青、细叶榕，属于桑科植物，它的树叶很茂密，四季常青，常被作为绿化树种植在道路旁。

榕树独木可成林

榕树原产于亚洲热带地区，它通常以树形奇特、枝叶繁茂、树冠巨大而著称。榕树枝条上会长出长长的须根，向下伸入土壤中，就能形成新的树干，称之为“支柱根”。榕树最高能长到 30 米，可向四面无限伸展。它的支柱根和枝干交织在一起，形成了茂密的丛林，因此被称为“独木成林”。

榕树的生长环境

榕树适应力很强，喜欢在温暖、潮湿的气候中生长，不耐旱，较耐水湿，对水分的需求量较高。榕树喜光但害怕强光暴晒，不适合在干燥、闷热的气候中生长。榕树最矮也能长到 15 米，它会在每年 5~6 月开花，之后便会结果。

栾树

漂亮的风景树

栾树为什么又称灯笼树?

栾树在夏初开小小的黄色花，满树金黄，花谢时，落花如雨，又称为金雨树。花落后结出一串串皮质蒴果，内包有黑色小球形种子，蒴果如同中国灯笼，因此也被称为灯笼树。栾树花可以作为黄色染料。栾树叶虽然是绿色的，但可以用作黑色染料，如果和白色布一起煮会使布染成黑色，因此俗语也称它为“乌叶子树”。

栾树为落叶乔木，别名金雨树、灯笼树、乌叶子树等，是一种很漂亮的风景树。

美丽的观赏植物

栾树春季发芽较晚，秋季落叶早，因此每年的生长期较短，生长缓慢。但栾树的树形高大而端正，枝叶茂密而秀丽，树冠呈自然圆形。春季嫩叶多为红叶，夏季开黄花，入秋后叶色渐层转为黄色，上面挤满了金黄色的花和红色的花果，十分美观，是园林中常见的观叶树种之一。

柚木 千年不腐

柚木是一种阔叶乔木，被誉为“万木之王”，在缅甸、印度尼西亚被称为“国宝”。

柚木的作用

柚木是世界上公认的名贵木材，是唯一可经历海水浸蚀和阳光暴晒，却不会发生弯曲和开裂的木材，有着“万木之王”的称号。柚木可以用来造船、建桥、做家具等。因为柚木有很强的防潮、防虫、耐腐蚀的能力，号称“千年不腐”，而且它的木质结构很稳定，所以它的制成品强度、韧性、稳定性都较好，很受人们的欢迎。

为什么柚木如此不同凡响？

柚木之所以具有良好的强度和稳定性，是因为其密实的木纤维只有在老树中才能找到。大多数树木在年轻时生长得较快，这导致其中的木纤维强度和稳定性较低，而且，柚木经久耐用的原因之一是其含油量高。这种油可以保护木材免受水害、腐烂、昆虫和细菌的侵害，使其耐腐和防风雨。

并非传说中的长寿树

臭椿，是臭椿属落叶乔木，树干皮为灰色，表面平滑，有少许微纵裂纹。

臭椿的特点

臭椿含有独特的气味，很难闻，因此被称作臭椿。臭椿的枝条曾经常被扔进厕所中，因其具有一定的消灭蝇虫的作用。

臭椿长寿只是想象

在《庄子·逍遥游》中写道：“上古有大椿者，以八千岁为春，八千岁为秋。”这里的椿其实就是臭椿。后世以椿为祝寿之辞，且特指父亲长寿。椿龄无尽，意思就是说像臭椿一样长寿。也因臭椿有健康、长寿之意，有的地方盛行“摸椿”的风俗。在除夕夜，小孩手摸臭椿，绕树转几圈，祈求快快长高。其实，这都是毫无科学依据的，事实上，臭椿寿命较短，极少超过 50 年。

香椿 春天的一道蔬菜

香椿是多年生落叶乔木，树木高达10多米。香椿喜欢温暖潮湿、光照充足的环境。春天的香椿芽，是一道美味的菜。

香椿的种类

我国香椿品种很多，根据香椿初出芽苞和子叶的颜色不同，基本上可分为紫香椿和绿香椿两大类。紫香椿一般树冠都比较开阔，树皮灰褐色，芽孢紫褐色，初出幼芽紫红色，有光泽，香味浓，纤维少，含油脂较多；绿香椿，树冠直立，树皮青色或绿褐色，香味稍淡，含油脂较少。

春三月，吃香椿

人们食用香椿的习惯由来已久，早在汉朝，我们的祖先就食用香椿，曾与荔枝一起作为南北两大贡品。阳春三月，正是采食香椿的季节。香椿一般在清明前发芽，谷雨前后就可采摘顶芽，这种第一次采摘的，称“头茬椿芽”，不但枝肥叶嫩，而且香味浓郁、美味无比。

榆树 榆木疙瘩

榆树树干通直，树形高大，绿荫较浓，适应性强，生长快，是现代城市绿化树、庭荫树、营造防护林的重要树种之一。

榆钱不是花，而是种子

榆钱，是榆树的种子，因其外形圆薄如钱币而得名。春天，榆树开花后就会结出榆钱。榆钱可食用，不但好吃，而且营养丰富，有着健脾养胃、清热安神的功效。

榆树的特征

榆树是一种落叶乔木，又名春榆、白榆等，素有“榆木疙瘩”之称。榆树在幼苗时期，树干比较光滑；长大成熟后，树皮变为暗灰色而且很粗糙，还有不规则的裂纹，较高的榆树可以达到 20 多米呢。

桉树 可怕的霸王树

考拉最喜欢的树

考拉是萌萌的小动物。但是你们知道吗，考拉的一生几乎都是在桉树上度过的。它们能够轻轻松松地爬上高大的桉树，并以桉树叶子为食，一天可以吃掉很多桉树叶，从桉树叶中获取所需的营养物质和水分。

桉树太多危害大

虽然桉树长得快，也不挑环境，但是大面积种植桉树有很多危害。一是桉树对水分需求极大，大面积种桉树会导致地下水位下降；二是桉树对土壤的肥料和养分需求极大，凡种植桉树的地区，容易导致土地肥力下降乃至枯竭；三是桉树是“霸王树”，对当地乡土的原产、原生的物种有极大的抑制性。

五颜六色的观赏树

槭树由于树干表皮比较光滑，因此纹理清楚美观，它的主要用途就是供人们观赏。

槭树秋叶最美

在世界众多的红叶树种中，槭树的秋叶独树一帜，有极特别的魅力。槭树树姿优美，叶形秀丽，秋季叶渐变为红色或黄色，还有青色、紫色，为著名的秋色叶树种。槭树一般做庇荫树、行道树、或风景园林中的伴生树，与其他秋色叶树或常绿树搭配，彼此衬托掩映，增加秋景之美。

槭树的分布

全世界的槭树科植物有将近 200 种，分布于亚洲、欧洲、北美洲和非洲北部，中国也是世界上槭树种类最多的国家，已有 150 多种，全国各地均有分布。槭属植物中，有很多是世界闻名的观赏树种。

枫树 火红的叶子

枫叶相对来说叶红素比槭树少，在变红之后会很快叶落，外观呈现枯黄，难以长时间观赏。

枫树的特征

枫树属于槭树科槭属树种，是一种落叶大乔木。随着树龄增长，枫树的树冠逐渐敞开，呈圆形。枝条棕红色到棕色，有小孔，冬季枝条是黑棕色或灰色。枫叶色泽绚烂、形态别致优美，可制作书签、标本等。在秋天，枫树叶则变成火红色，落在地上时变成深红色。

枫叶为什么是红色?

一般树叶中含有大量的叶绿素，所以颜色是绿色的。秋天天气变冷，树木生长减慢，树叶里的叶绿素也逐渐减少，最后只剩下叶黄素，树叶也就变成了黄色。而枫叶里含有一种特殊的物质——花青素，它和叶绿素正好相反。随着天气转凉，数量逐渐增多，枫树叶就变成了红色。

发财树 曾经土气的树木

正是因为“发财啦”这三个字的寓意很好，发财树的名字才响亮了起来，喜欢这种树的人也慢慢越来越多。

发财树的原名叫光瓜栗

光瓜栗，可真是一个好土的名字啊。光瓜栗在刚刚引入中国的时候，并没有太多人知道，销售前景也不太好。但是有心的商人们发现，用广东话来念光瓜栗的英文名，前半部分的发音就像是在说“发财啦”，所以，商人们也就把光瓜栗称为发财树了。

发财树的特征

发财树其实并非什么很名贵的植物，它又叫作马拉巴栗，是木棉科瓜栗属的小乔木。发财树一般能够长到 4~5 米高，它的树冠较松散，幼枝为栗褐色，枝干上没有细小的茸毛，叶片是掌状复叶。发财树也会开花，花瓣为淡黄绿色。

凤凰木 热情如火的植物

火热的凤凰木

凤凰木是落叶乔木，取名于“叶如飞凰之羽，花若丹凤之冠”，因鲜红或橙色的花朵配合鲜绿色的羽状复叶，被誉为世上色彩最鲜艳的树木之一。它的花大而有光泽，绿色的叶片像凤凰的羽毛，两者搭配，不仅不突兀，还显得十分精美壮观。

凤凰木植株高大，由于树冠横展而下垂，浓密阔大而招风，在热带地区担任遮阴树的角色。

凤凰木的特点

凤凰木为高大落叶乔木，无刺，高达 20 余米，胸径可达 1 米；树皮粗糙，灰褐色；树冠扁圆形，分枝多而开展。它喜欢高温、多光照的环境，必须在阳光充足的地方才能茂盛地生长。凤凰木是我国福建省厦门市的市树，而凤凰花还是广东省汕头市的市花呢。

合欢树

花和皮可入药

合欢树秀花美

合欢树的花很美，一般在6月开放，红白相间，绚丽无比，像一个个毛茸茸的绒球，清香袭人；合欢树的叶子很奇特，纤纤细细的，像羽毛一样，还很像含羞草的叶子，日出而开，日落而合。合欢树花叶清奇，绿荫如伞，红花成簇，异常秀美，通常被用作庇荫树、行道树，或栽植于庭院、水池边等，都是极好的。

合欢树为落叶乔木，高可达16米，有很高的观赏和医药价值。

合欢树的作用

合欢树浑身都是宝，它的树皮和花都可用作中药材，有安神解郁、活血止痛的功效，其中的提取物做成浸膏，可外用，可以治骨折、肿痛等症。合欢树木材坚实，纹理通直，结构细密，经久耐用，可供制家具、农具、建筑、船只等。合欢树也被称为敏感性植物，被列为地震观测的首选树种呢！

椰子树 热带的绿巨伞

椰子树为棕榈科常绿乔木，茎干粗壮直立，因树姿优美，是热带地区美化、绿化环境的重要树种。

椰子啊椰子

椰子一般像足球大小，有一层很厚的纤维质和一个绿色的硬壳，里面是一个棕色的核。平时我们经常见到的，在商店出售的“椰子”，表面坚硬而光滑，实际上那是椰子棕色的核，也叫作“椰仁”，里面都含1升左右清澈的甜汁和清香的果肉。椰子水富含蛋白质、脂肪和多种维生素，能促进细胞再生长，甘甜解暑！

椰子树的种类

椰子树主要有绿椰、黄椰和红椰三种。椰子树一般高达25米以上，树干笔直，无枝无蔓，巨大的羽毛状叶片从树梢伸出，撑起一片伞形绿叶，远远看去，就像一把巨大的绿伞。

棕榈树 南国常青树

棕榈树挺拔秀丽，一派南国风光，适应性很强，而且四季常青，适合种植于庭院，也适合种植于道路两旁。

棕榈树的生长习性

棕榈树原产于中国，在我国分布很广。棕榈树喜欢温暖湿润且光照充足的环境，比较怕大风，生长很慢。棕榈树有明显的主干，其树干笔直，花朵很小，花朵呈淡黄色。成熟的果实的颜色是黑褐色，果实表面覆有一层白白的粉末。棕榈树的叶子为暗棕色，比椰子树的叶子大很多，犹如手掌形状。

棕榈树的花可以吃

每年初夏，便是棕榈树的花期，在密密的棕榈树叶子之间，我们会看见几只奶黄色的棕包。随着棕榈树的生长，黄色的棕包就会慢慢变得饱满，然后像玉米一样，露出它的一颗颗密密的子，像鱼子似的，很有趣。这棕包在很多人的眼中，就是一种美食，并且在我国有着非常悠久的历史。

菩提树 觉悟之树

菩提树幼时一般附生于其他树上，能长到 15 ~ 25 米高。它具有速生、长寿两大特点。菩提树树形优美，高大挺拔，冬夏不凋，给人以神圣的感觉。

神圣之树

菩提树是桑科大乔木植物，别称思维树。相传在 2000 多年前，佛祖释迦牟尼是在菩提树下修成正果的。在印度，很多人都将菩提树视为“神圣之树”。

菩提树的特征

菩提树的树皮是灰色的，被划开后能分泌汁液，可提取硬性橡胶；树叶绿绿的、亮亮的，脉络清晰，非常漂亮；它的花是隐形花，跟无花果很像，可以作为药材入药；它的果实酸脆而微涩，回味甘甜，最为奇特的是，果实8~9月成熟，却能在树上挂果保鲜到次年2~3月，有养生保健的功效。

楝树 漂亮的紫花树

为什么叫紫花树呢?

楝树是一种比较高的落叶乔木，可以长到20米高。楝树开花时，许多紫色小花聚集在枝头，因而民间也把楝树称为“紫花树”。楝树的小花呈淡紫色，雄蕊包在中间的管状结构中，有微香，花朵比较小但花期较长。它的球形果实有时冬季也挂在枝头，到第二年春天才掉落在地。

优美的绿化树

楝树树形优美，枝条秀丽，在春夏之交开淡紫色花，香味浓郁，能净化空气，抗二氧化硫的能力很强。适宜作庭荫树和行道树，是良好的绿化树种。楝树与其他树种混栽，还能防治树木虫害哦。

楠木 名贵的木材

楠木为樟科楠属常绿大乔木，是国家二级保护植物，分布于亚热带常绿阔叶林区西部，气候温暖湿润的亚热带区域，在我国主要分布在四川、云南、贵州等地。

楠木的枝干和叶子

楠木通常可以长到 30 米高，胸径可达 1 米。在楠木还年幼的时候，它的树干上有黄褐色或者灰褐色的茸毛；长到 2 岁之后，它的枝干就变成了黑褐色，茸毛也消失了。楠木的叶子是椭圆形的，比较宽大，一般可以达到 7~13 厘米长。

楠木家族

楠木是一个小家族，主要有金丝楠木、香楠、水楠等。金丝楠木是其中名气最大的品种，最明显的特征是在阳光的照射下，可以看到璀璨闪烁的金丝。金丝楠木曾是皇家专用木材，其尊贵程度可见一斑。香楠的木材呈现微微的紫色，且天生带有浓郁且持久的香味。水楠则是楠木中品质最差的，它的木材质地比较疏松，色泽清淡，所以做不了贵重器物，只能做些桌、椅、板凳等小型家具。

图书在版编目（C I P）数据

树木森林 / 吴昊编著 . -- 哈尔滨 : 黑龙江科学技术出版社, 2022.1
（植物图鉴）
ISBN 978-7-5719-1193-5

Ⅰ . ①树… Ⅱ . ①吴… Ⅲ . ①树木 – 儿童读物②森林 – 儿童读物 Ⅳ . ① S718.4-49 ② S7-49

中国版本图书馆 CIP 数据核字 (2021) 第 234196 号

树木森林
SHUMU SENLIN

作　　者　吴　昊
策划编辑
封面设计　深圳·弘艺文化 HONGYI CULTURE
责任编辑　徐　洋
出　　版　黑龙江科学技术出版社
地　　址　哈尔滨市南岗区公安街 70-2 号
邮　　编　150007
电　　话　（0451）53642106
传　　真　（0451）53642143
网　　址　www.lkcbs.cn
发　　行　全国新华书店
印　　刷　哈尔滨市石桥印务有限公司
开　　本　1/24
印　　张　15 5/6（全 5 册）
字　　数　100 千字（全 5 册）
版　　次　2022 年 1 月第 1 版
印　　次　2022 年 1 月第 1 次印刷
书　　号　ISBN 978-7-5719-1193-5
定　　价　99.00 元（全 5 册）

蔬菜小屋

吴昊　编著

黑龙江科学技术出版社
HEILONGJIANG SCIENCE AND TECHNOLOGY PRESS

前言

蔬菜是人们日常饮食中必不可少的食物之一。蔬菜可提供人体所必需的水分、膳食纤维、多种维生素和矿物质等营养物质。

这么重要的蔬菜，你知道都有哪些吗？

要知道，红红的辣椒可是开胃小能手，黄色系的胡萝卜能保护眼睛啊，苦苦的“苦瓜”还被叫作“脂肪杀手”，圆圆的番茄营养又美味……

蔬菜按照可食用部分，可分为：

根茎类：有土豆、胡萝卜、白萝卜、包菜、红薯、竹笋、莴笋、莲藕等；

叶菜类：有小白菜、芥菜、荠菜、菠菜、茼蒿、生菜、芹菜、韭菜等；

花菜类：有西蓝花、花菜、芥蓝等；

果菜类：有南瓜、黄瓜、冬瓜、丝瓜、苦瓜、番茄、辣椒、茄子、豌豆、玉米、秋葵等。

蔬菜按照颜色，可分为：

绿色蔬菜：富含叶酸、钙、维生素 C、维生素 B_1、维生素 B_2、胡萝卜素及多种微量元素，能美容养颜；

黄色蔬菜：富含维生素 A、维生素 D 和维生素 E，对眼睛很有好处；

红色蔬菜：富含番茄红素、胡萝卜素、维生素 C，能保护心脏、促进食欲；

紫色蔬菜：富含花青素和维生素 P，能延缓衰老，抗过敏；

白色蔬菜：富含维生素 C，可提高机体免疫力；

黑色蔬菜：富含抗肿瘤物质，可预防癌症。

不同颜色的蔬菜，所含的营养成分也会有所不同，小朋友们千万不能挑食，每种蔬菜都要吃一点儿，以获取不同的营养啊！快来翻开这本书，看看都有哪些蔬菜吧！

目录

辣椒——开胃小能手......6
黄瓜——热量最低的蔬菜......8
南瓜——憨憨的倭瓜......10
番茄——美味又营养......12
丝瓜——营养丰富的蔬菜......14
水果玉米——优良的作物......16
胡萝卜——保护眼睛的蔬菜......18
冬瓜——夏日的减肥瓜......20
莲藕——藕断丝连......22
苦瓜——苦味的脂肪杀手......24
白萝卜——营养丰富的白胖子......26
土豆——可做主食的蔬菜......28
西蓝花——健康之花......30
洋葱——菜中皇后......32
花菜——好看又好吃......34
木耳——像耳朵......36
秋葵——绿色人参......38
香菇——菇中皇后......40

CONTENTS

莴笋——富含胡萝卜素 42
海带——带子一样的藻类 44
扁豆——豆中之王 46
红薯——美味的植物 48
包菜——卷心蔬菜 50
茄子——营养丰富 52
生菜——娇气的蔬菜 54
韭菜——辛香的懒人菜 56
山药——药食两用的蔬菜 58
菠菜——大力水手的最爱 60
大白菜——菜中之王 62
空心菜——健康美味的素菜 64
红薯叶——营养极丰富 66
芹菜——芳香怡人的蔬菜 68
姜——还是老的辣 70
大蒜——药食两用 72
葱——百搭调味 74

辣椒 开胃小能手

蔬菜家族中脾气最火爆的莫过于辣椒，辣椒穿着一件圆锥形的火红色外衣，和它浓烈的味道很是相配。

维生素C冠军

谁是蔬菜家族中的维生素C冠军呢？你一定想不到，答案竟然是辣椒！辣椒的维生素C含量远远超过其他的蔬菜伙伴。

辣椒为什么辣呢?

这是因为辣椒中有一种特殊的物质——辣椒素，它能刺激我们的舌头和口腔黏膜，产生一种灼烧的感觉，让我们感觉到辣味。辣辣的味道会刺激我们的大脑，受到这种刺激，大脑就会发出指令，让胃液和唾液都加快分泌，我们的肠胃因此加快了蠕动的速度。这样一来，我们不仅会胃口大开，吃饭香香的，而且消化能力也会有所增强哟!

黄瓜

热量最低的蔬菜

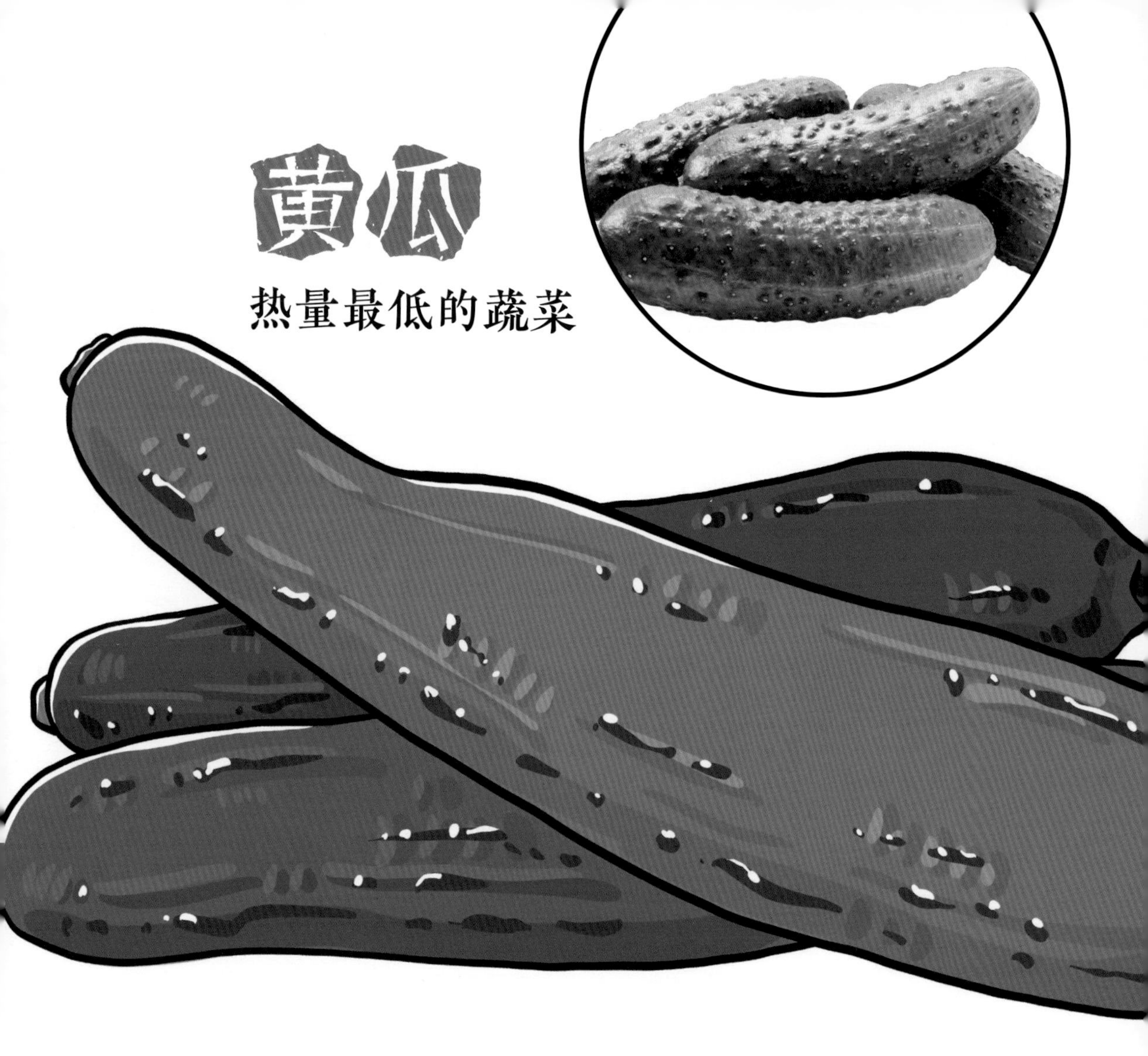

黄瓜是怎么来的?

你知道吗，黄瓜也称胡瓜、青瓜，是汉朝张骞出使西域时带回来的呢！胡瓜更名为黄瓜，始于后赵。黄瓜为葫芦科一年生蔓生或攀援草本植物，呈筒形或长棒状，通常开花后 8~18 天就成熟了。嫩果绿色或深绿色，少数为黄白色，果面平滑或有柔软的小刺。

黄瓜的90%是水，可以有效地为人体补充水分，并且黄瓜中富含人体所需的维生素C，能提高人体的免疫力，促进身体健康。

世界上热量最低的蔬菜

黄瓜的热量仅16千卡/100克（1千卡≈4.19千焦），是热量最低的蔬菜。黄瓜还是餐桌上的“平民”蔬菜，以其营养丰富、价格低廉的特点而广受青睐，尤其是想减肥的人。新鲜黄瓜中含有的丙醇二酸，能有效地抑制糖类物质转化为脂肪，因此，常吃黄瓜可以帮助减肥。

南瓜 憨憨的倭瓜

南瓜属于葫芦科植物，形态大体上多为不规则的扁圆状，颜色总体分为橙黄色和青色两种。

世界上最大的南瓜

世界上最大的南瓜的拥有者是瑞士的一位农场主——苏黎世居民麦耶尔，他是世界公认的培植庞大南瓜的专家。他在德国勃兰登堡农产品展览会上展出的南瓜重953.5千克，创下了最大南瓜的世界纪录。

南瓜的特征

南瓜也叫倭瓜，它的形状通常为扁圆形，也有圆形、长圆形或瓢形，因品种的不同形状也不同，表皮通常会有数条纵沟。南瓜的叶子为五角状心脏形，上面有浓密的黄白色茸毛且通常有白斑，背面的颜色较淡，边缘有密小的细齿。南瓜花雌雄同株，花冠是黄色的。南瓜的种子数量较多，颜色为灰白色。

番茄 美味又营养

番茄功效多

番茄是我们都很熟悉的一种蔬菜，红红的、圆圆的，又叫西红柿，为茄科一年生草本植物。番茄营养丰富，有特别的风味。番茄是维生素C的天然食物来源，我们每天食用1～2个番茄，可以增强血管柔韧性，防止牙龈出血，增强抵抗力，增加食欲呢！同时，番茄中还含有一种叫作番茄红素的特殊成分，起着生津止渴、健胃消食的作用啊！

番茄肉质红色，沙瓤，肉厚汁多，酸甜可口，可以生食、熟食，加工制成番茄酱、番茄汁或做成罐头。

番茄家族

从颜色来看，番茄主要有红番茄、黄番茄、橙番茄、黑番茄和绿番茄。不同颜色的番茄所含的营养成分也不同。最常见的是红番茄，它含有非常丰富的番茄红素；黄番茄含有少量胡萝卜素，色泽鲜亮，口感不错；橙番茄吃起来有点儿甜；黑番茄一般是黑紫色或黑红色，富含番茄红素和花青素，是番茄中的珍品；绿番茄成熟后依然是绿色的，富含维生素 A 和维生素 C。

营养丰富的蔬菜

丝瓜又称菜瓜，是东亚地区广泛种植的一种蔬菜，为葫芦科一年生草本植物。丝瓜的果实鲜嫩，是人们常吃的蔬菜之一。

丝瓜的种类

普通型丝瓜呈细长圆筒状，自然下垂生长，一般长 20~60 厘米，密生茸毛，无棱，嫩瓜清脆可口，果面有深绿色细条纹，表皮呈绿色并带有白色粉状物，果肉为淡绿白色，水分很多；棱角型丝瓜的瓜形体大、短粗，无茸毛，有棱角，嫩时软脆，水分较少，适合炒着吃。丝瓜的根系庞大复杂，主根很深，侧根也多，能牢牢地深入泥土中汲取养分。

丝瓜络的作用

丝瓜成熟时里面会生成一层坚韧的网状纤维，称为丝瓜络，可用来代替海绵洗刷厨具和家具。丝瓜的药用价值很高，全身都可入药。丝瓜络也可供药用，起着清凉、利尿、活血、通经、解毒的作用。

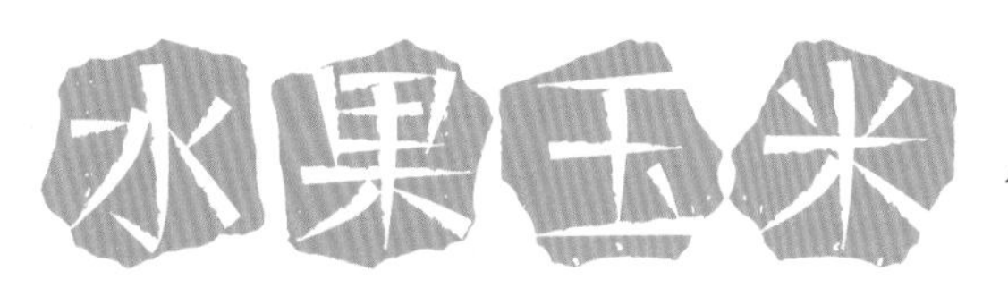

水果玉米 优良的作物

水果玉米鲜嫩多汁、甜美可口，而且可以生食，深受人们喜爱。

水果玉米是一种蔬菜哦

水果玉米是适合生吃的一种超甜玉米，它既不是水果也不是粮食，它是一种蔬菜。与一般的玉米相比，它的主要特点是青棒阶段皮薄、汁多、质脆而甜，可直接生吃，薄薄的表皮一咬就破，生吃熟吃都特别甜、特别脆，像水果一样，因此被称为水果玉米。

水果玉米起源于前哥伦比亚时期的中美洲和南美洲，它长着玉米的样子，但不是玉米的种类，是由一个或几个基因的存在而不同于其他玉米的一种类型。水果玉米富含水溶性多糖、维生素A、维生素C、脂肪和蛋白质等。水果玉米之所以这么甜，主要是因为它的胚乳中的水溶性多糖含量高而淀粉含量很少。

保护眼睛的蔬菜

胡萝卜营养价值高

胡萝卜中含有丰富的 β－胡萝卜素，在人体内可以转化为维生素A，能够有效地改善眼睛疲劳和眼睛干涩等问题。食用胡萝卜后，由 β－胡萝卜素转化而来的维生素 A 可以使人的骨骼更加健康，对婴幼儿的发育非常有利。

胡萝卜的营养价值非常丰富，经常吃胡萝卜可以对身体产生诸多有益的作用。

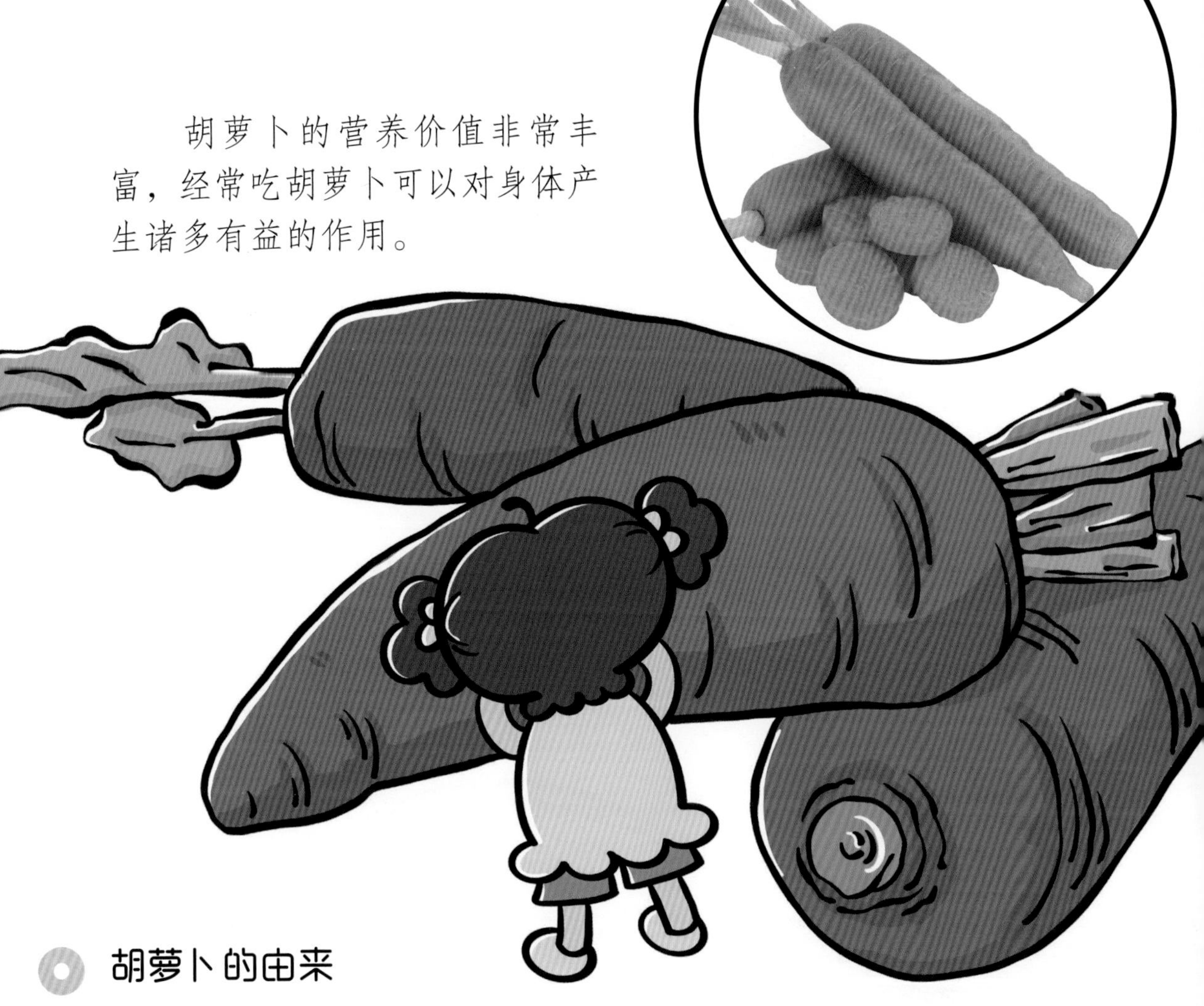

胡萝卜的由来

胡萝卜是一种很有特点的蔬菜，光是听叫法，就能知道它的来源。农学家石汉生先生曾这样总结：凡姓“胡”的蔬菜很多是两汉西晋时由西北传入的，如胡姜、胡桃等；姓“番”的蔬菜，多数是南宋至元明时经“番船”传入的，如番薯、番茄等；大凡姓“洋”的蔬菜，则大多为清朝时由外传入，如洋葱、洋姜等。正是这些来路众多的蔬菜丰富着我们的餐桌。看来，人类有姓，蔬菜也有姓，根据它们的姓就可以判断出它们来自哪里。

冬瓜 夏日的减肥瓜

冬瓜，葫芦科冬瓜属一年生蔓性草本植物，主要分布于亚洲热带、亚热带地区，中国各地均有栽培。

为什么叫冬瓜?

冬瓜其实是在春天发芽开花，等到夏天花落了开始结果，这样看来和冬天好像没有什么关系呀，那么为什么会被叫作“冬瓜”呢？如果你仔细观察就会发现，冬瓜的身上覆盖着一层厚厚的蜡质白粉，看上去就好像是冬日里撒下的寒霜，这就是冬瓜名字的由来。冬瓜的这一层白粉是无害的，不仅可以防虫害，而且能保持水分。

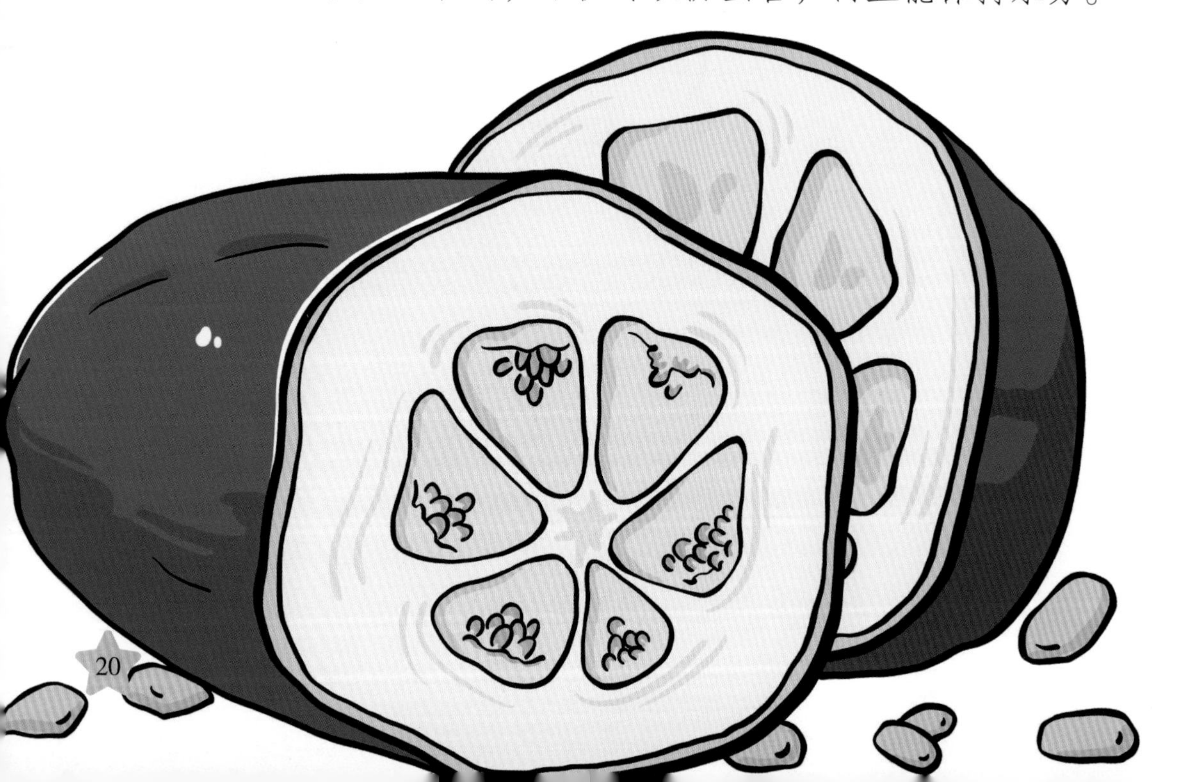

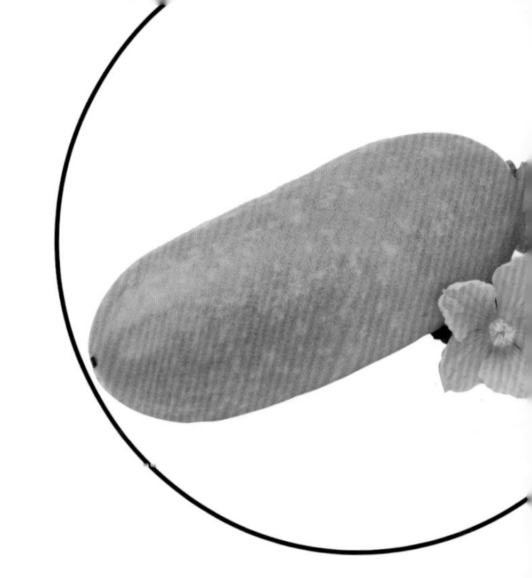

冬瓜的减肥作用

冬瓜含有较多的蛋白质、糖类及少量的钙、磷、铁等矿物质和多种维生素。冬瓜是瓜菜中唯一不含脂肪的瓜菜，并富含丙醇二酸成分，能抑制糖类物质转化为脂肪，又因有较强的利尿作用，可增加减肥效果，故冬瓜又有“减肥瓜”之称。

莲藕一节一节的，很像婴儿嫩嫩的圆胳膊。民间有“荷莲一身宝，秋藕最补人”的说法呀，藕是秋季最佳保健食品。

莲藕

藕断丝连

莲藕为何会变色？

因为莲藕中存在多酚类化合物与多酚氧化酶等物质，当莲藕长时间暴露在空气中时，多酚类化合物在多酚氧化酶的催化下，会生成棕褐色的醌类物质。醌类物质再自动聚合，从而形成深褐色物质。于是，莲藕就变色了。变了颜色的莲藕，只要没有腐烂，仍然可以放心食用。

藕断丝连

藕断丝连是一个成语，比喻表面上断了关系，实际上仍有牵连。事实上，藕被切断后，会出现很多白丝。原来，藕的结构中，有一些与人体血管相似的组织，称为导管。藕的导管是螺旋状的，平常盘曲着，折断后因为具有一定弹性，会被拉伸，最长可达10厘米呢！

苦瓜 苦味的脂肪杀手

苦瓜是葫芦科一年生攀援性草本植物，由于果实中含有一种苦瓜苷，具有特殊的苦味而得名。

苦瓜真的特别苦

苦瓜原产于亚洲热带地区，广泛分布于热带、亚热带和温带地区。苦瓜的叶子呈掌状，像枫叶一样，花是金黄色的。成熟后的苦瓜翠绿翠绿的，表面长满了小小的疙瘩，非常可爱，让人忍不住想要咬上一口。这时候你可千万不要冲动啊，因为咬一口后你肯定会大叫起来，因为它实在是太苦了。

苦瓜也是减肥瓜

苦瓜含有蛋白质、脂肪、胡萝卜素、维生素 B_1、维生素 C 和钙、磷、铁等多种矿物质。苦瓜中维生素 C 和维生素 B_1 的含量高于一般蔬菜。苦瓜中含有丰富的苦瓜苷和苦味素，苦瓜苷被誉为“脂肪杀手”，能使人体摄入的脂肪和多糖减少，从而达到减肥的目的。

白萝卜的特点

白萝卜的外形没有什么奇特之处，在千奇百怪的蔬菜中属于比较平凡朴实的一种。白萝卜是一种常见的根茎类蔬菜，属于十字花科植物。根部发绿，根肉质，有长圆形、球形或圆锥形的，根皮有绿色、白色、粉红色或紫色的。白萝卜不仅是日常的主要蔬菜之一，它的子还可入药，称“莱菔子”。

俗话说得好，“冬吃萝卜夏吃姜，一年四季保安康”。白萝卜确实是一种营养价值很高的蔬菜，受到很多人的喜爱。

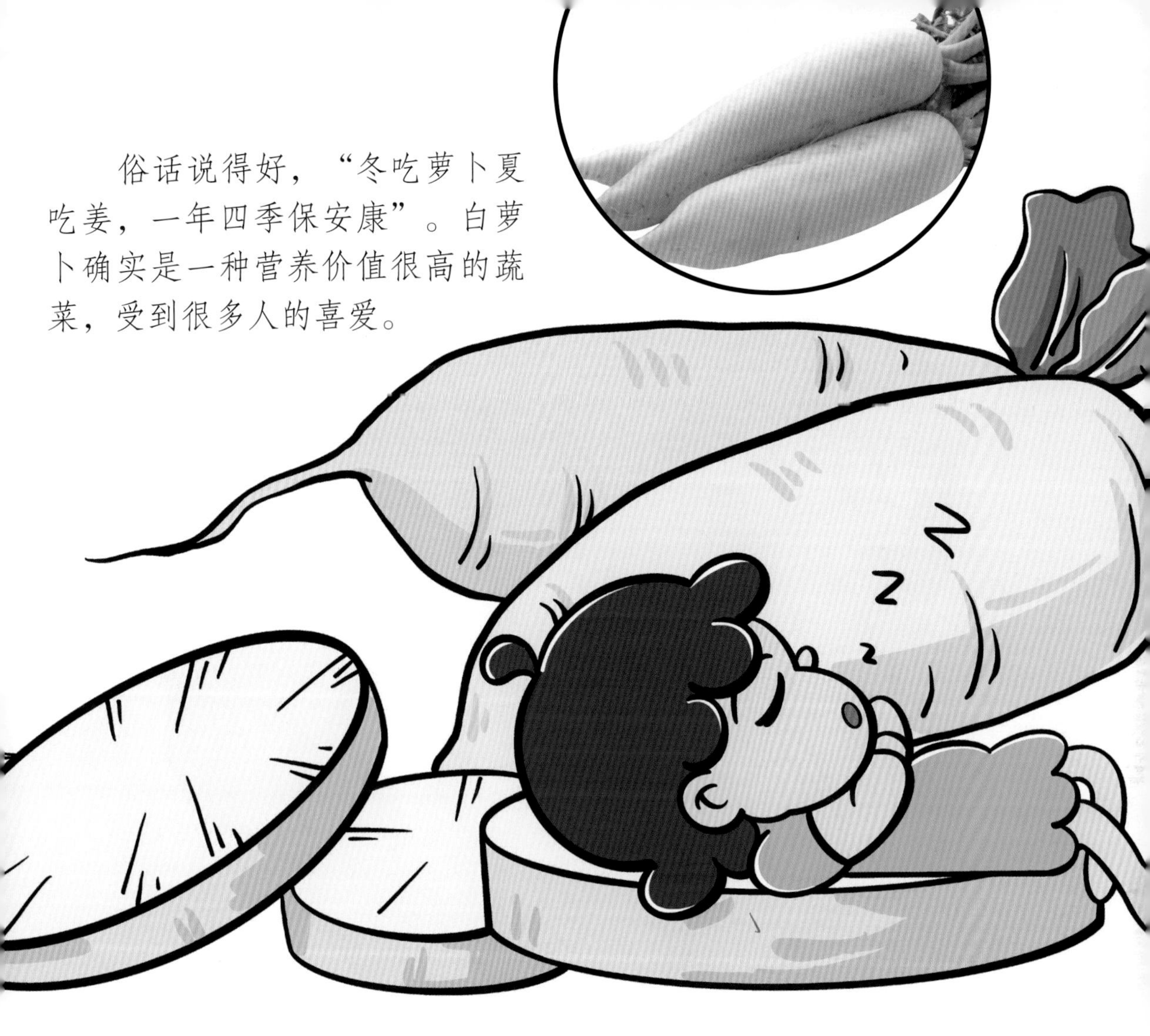

白萝卜和胡萝卜的差别

白萝卜和胡萝卜就差一个字，但口感却差距很大。很多人对胡萝卜敬而远之，却对白萝卜情有独钟。原来它俩并非属于同类，白萝卜是十字花科萝卜属的“白胖子”，而胡萝卜则是伞形科胡萝卜属的“红脸壮汉”。

土豆 可做主食的蔬菜

土豆的特色

不同地方的人们对土豆有不同的称呼。在我国，西北地区的居民称它为“洋芋”，东北人称它为“土豆”，华北地区称它为“山药蛋”，江浙一带称它为“洋番芋”。目前已培育出的彩色土豆有紫色、红色、黑色和黄色等。土豆是我们常吃的蔬菜，也可作为主食，又是制作酒精和淀粉的原料。

土豆是多年生草本植物，但一般一年生或一年二季栽培，开紫色和白色的花，靠可食部分——它的块茎来繁殖。

土豆也是主食

土豆与小麦、玉米、稻谷、高粱并称为世界五大作物。土豆的吃法很多，既可煎、炒、烹、炸，又可烧、煮、炖、扒，烹调出很多种美味的菜肴。不少国家是从营养价值方面给土豆命名的。在欧美很多国家，土豆因其营养素齐全、易为人体消化吸收的特点，享有“第二面包”的美誉呢！

西蓝花 健康之花

绿色的健康之花

在所有的蔬菜中，有这么一朵“花”，它外表嫩绿，枝干晶莹透亮，顶上大大小小的花蕾一簇簇、紧紧地挨着，看上去像一个碧绿的花球。它就是西蓝花，又叫青花菜，是一种常见的蔬菜，味道清脆可口，营养价值非常高。平时经常可以看见它的身影，它是我们身边名副其实的“健康之花”。

适应性很强的蔬菜皇冠

西蓝花为十字花科草本植物，原产于意大利，目前我国南北方均有栽培，已成为日常的主要蔬菜之一。西蓝花营养丰富，主要含糖类、维生素C、胡萝卜素及多种矿物质，营养成分位居同类蔬菜之首，被誉为“蔬菜皇冠”。西蓝花长势强健，耐热性和抗寒性都较强。

西蓝花和花椰菜的形状、结构相似，只不过颜色是绿色的，并且花蕾形状很明显。

洋葱

菜中皇后

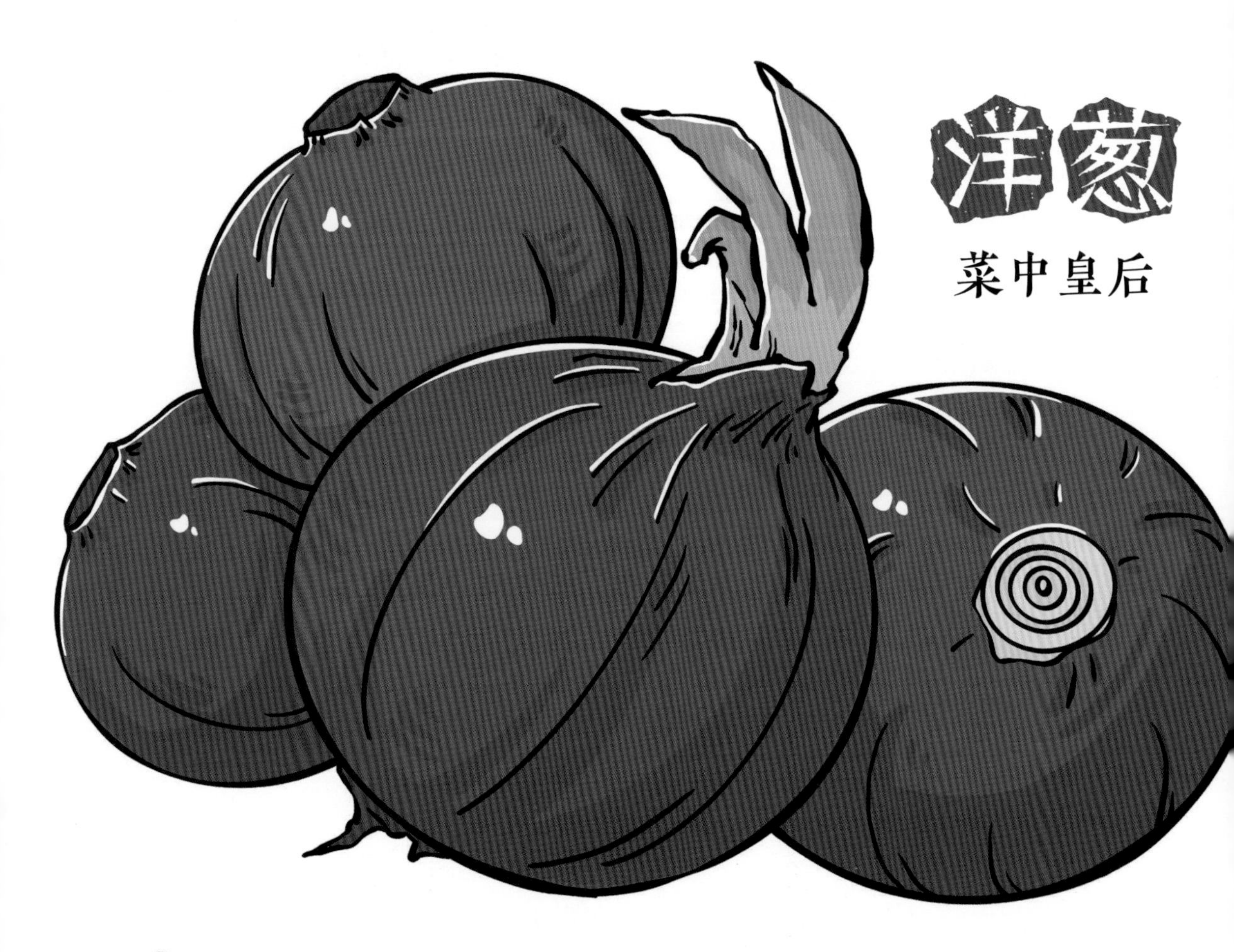

紫皮洋葱营养成分更高

根据皮色，洋葱可分为白皮、黄皮和紫皮三种。从营养价值的角度评估，紫皮洋葱的营养更高一些。这是因为紫皮洋葱相对于其他两个品种的洋葱味道更辛辣，这就意味着其含有更多的蒜素。此外，紫皮洋葱的紫皮部分含有更多的槲皮素。

洋葱原产于中亚细亚，在国外被誉为“菜中皇后”，营养价值较高。

洋葱为什么会让人流泪?

人们在切洋葱的时候往往会泪流满面，这是因为在切洋葱时，洋葱细胞会释放出一种叫作催泪因子的化学物质，这种物质会刺激人眼部角膜的神经末梢，从而分泌出泪液。切洋葱时要想不流泪，可以在刀上蘸些水，这样就能减少催泪物质的释放，也可将洋葱放到微波炉里加热 30 秒，这样可以大幅度降低流泪的概率。

花菜 好看又好吃

花菜的外形特征

花菜为十字花科一年生植物，它的根上生叶，叶上长主茎及支茎，茎上长满小颗粒，组成花状，整体很像一个大花朵，色白美观。花菜肉质细嫩，味道甘甜鲜美，而且食用后很容易被消化吸收哇！花菜原产于地中海沿岸，19 世纪传入中国，现在广泛分布于中国各地。

花菜，又称花椰菜、菜花、甘蓝花、洋花菜、球花甘蓝等，是一种好看又好吃的蔬菜呀！

花菜的作用

花菜看着很平常，却是含有类黄酮最多的食物之一呀！类黄酮是一种很厉害的物质，除了可以防止感染，还是最好的血管清理剂，能够阻止胆固醇氧化，防止血小板凝结成块，因而能减少心脏病与脑卒中的危险。而且花菜里的钙、磷元素十分丰富，不但有利于人的生长发育，而且能提高人体免疫功能，增强人的体质。

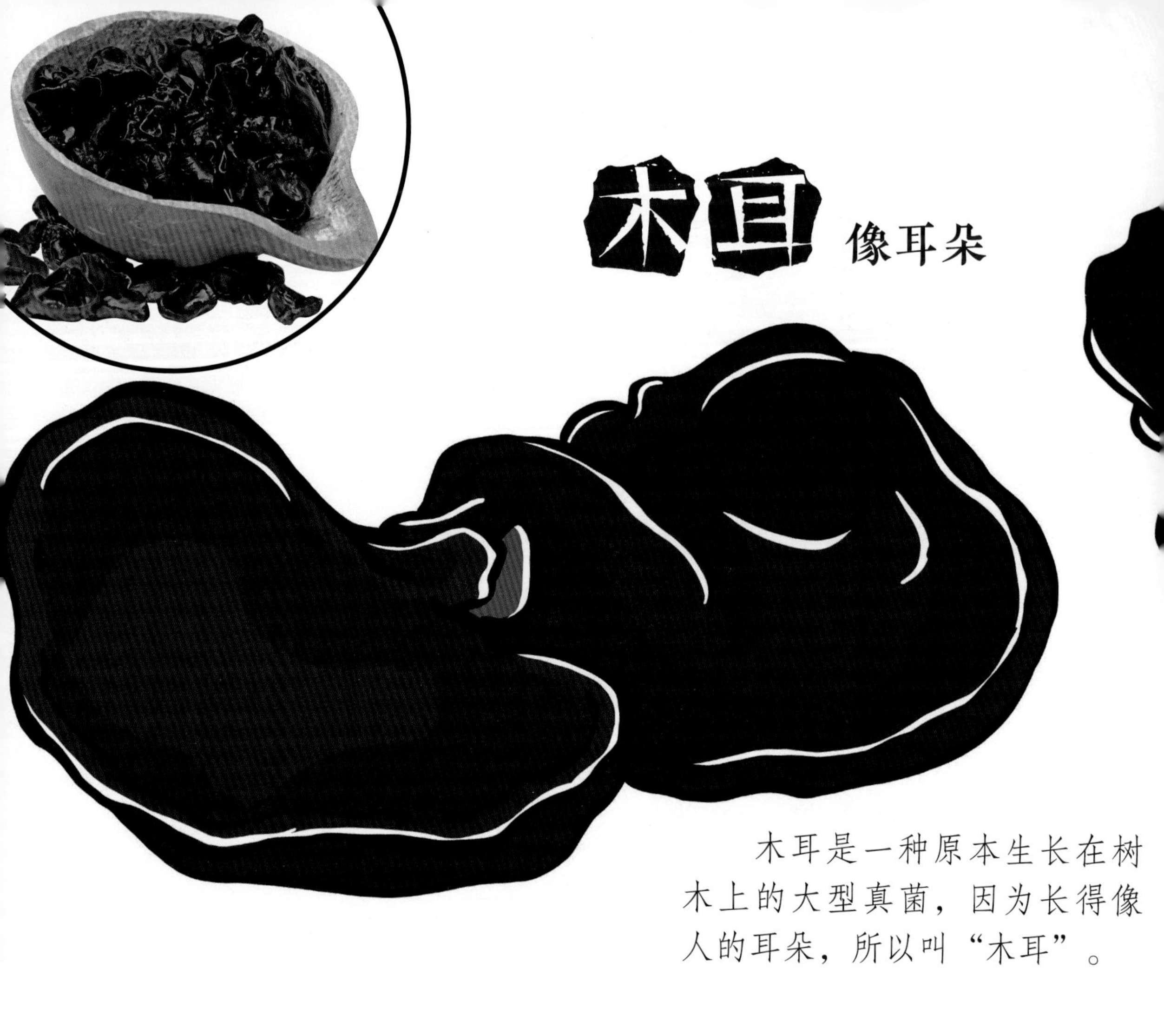

木耳像耳朵

木耳是一种原本生长在树木上的大型真菌，因为长得像人的耳朵，所以叫“木耳”。

东北木耳质地最好

木耳，又叫云耳、桑耳，是我国重要的食用菌之一，有广泛的自然分布和人工栽培。虽然东北气温低，木耳生长速度很慢，但其质地好，朵大肉厚、弹性大、色泽纯黑，用温水泡发后，口感独特，肉大味美，为“耳”中精品。

木耳的营养价值

木耳质地柔软，口感细嫩，味道鲜美，风味独特，而且富含蛋白质、脂肪、糖类及多种维生素和矿物质，有很高的营养价值，现代营养学家盛赞其为“素中之荤”。

秋葵 绿色人参

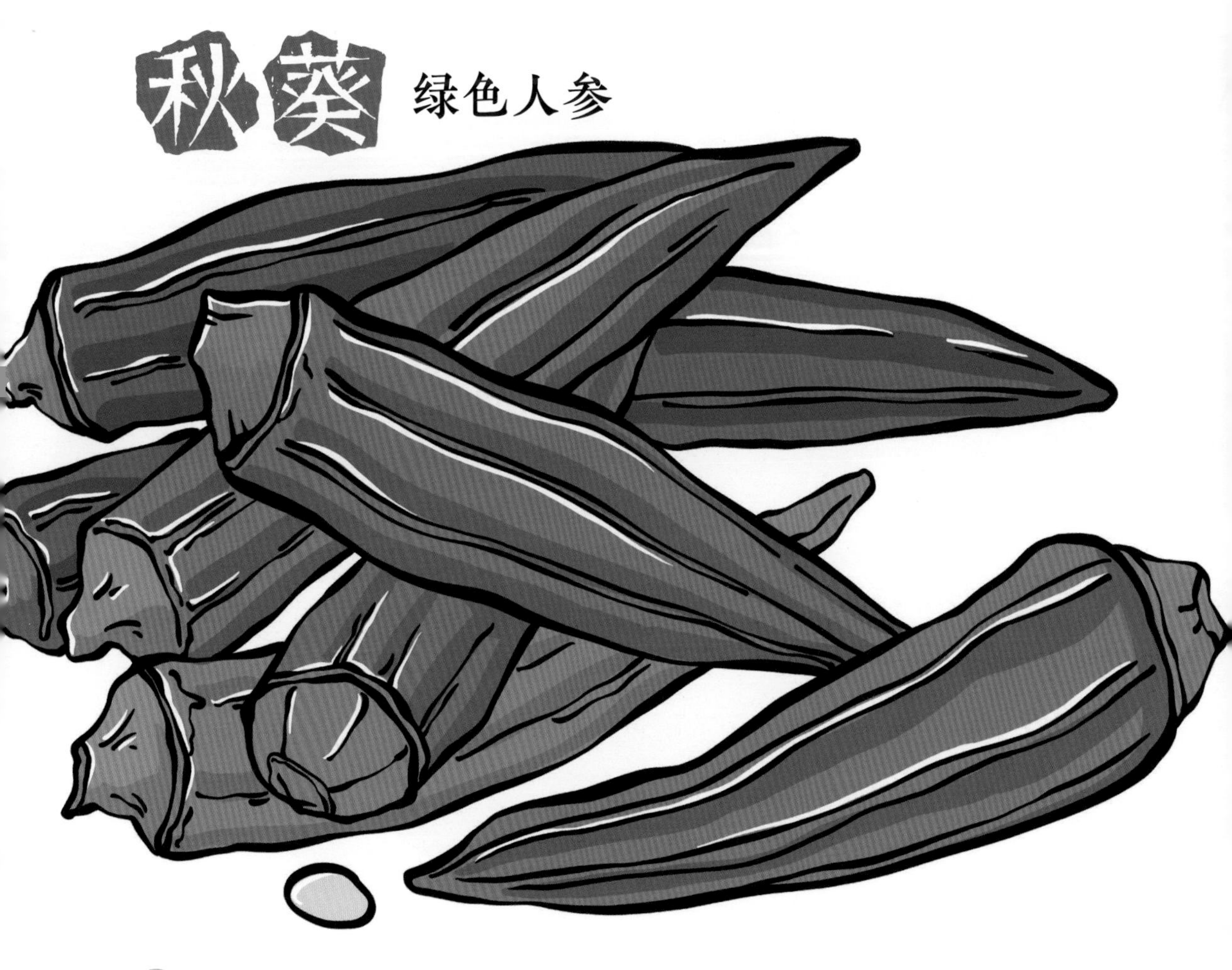

秋葵长得像羊角

秋葵属于一年生草本植物，一般可以长到1~2米，花是黄色的，果实先端细尖，像羊角一样，有点儿弯曲，成熟后会自己裂开。未成熟的果实是绿色的，表面覆有细密的白色茸毛；成熟后就会变得很硬，不能再吃了。秋葵的种子呈球形，绿豆般大小，淡黑色，表面有细毛。

秋葵为什么是绿色人参?

秋葵被营养学家誉为“绿色人参”，这个称号可不是徒有其名。秋葵嫩荚含有丰富的果胶、膳食纤维，其果胶的黏稠状态是植物界非常少见的，膳食纤维的占比及其中可溶性膳食纤维的占比均是植物中非常高的。秋葵嫩荚富含维生素A、胡萝卜素以及维生素C、维生素E等，尤其是维生素A与胡萝卜素的含量在目前发现的植物中位列第一。

香菇 菇中皇后

别小看这小小的香菇，它可是我国著名的食用菌，被人们誉为“菇中皇后”哇！在民间素有“山珍”之称，深受人们的喜爱。

香菇营养价值高

香菇营养丰富，具有益气健脾、和胃补虚的功效。香菇所含的钾、镁、锌、钙、硒等矿物质元素，可促进身体的能量代谢和物质代谢，增强机体活力，防止组织功能退化，延缓衰老。由于香菇富含人体必需的脂肪酸，它不仅能降低血脂，而且有助于降低血清、胆固醇和抑制动脉血栓的形成。

干香菇更有营养

从某种程度上来说，干香菇比新鲜香菇更具有营养价值，因为干香菇在阳光的作用下，其中的麦角甾体和菌甾体可以转变为维生素 D，有利于钙的吸收和提高抵抗力。此外，干香菇在烘干过程中还产生了大量的芳香物质，特别适合炖肉。干香菇的不饱和脂肪酸含量非常丰富，其中亚油酸、油酸含量高达 90% 以上。

莴笋 富含胡萝卜素

莴笋的营养价值

莴笋是我们生活当中常见的蔬菜，又名青笋、莴菜。莴笋既可以用来凉拌，又可以进行腌渍。它的口感脆嫩，味道爽口。不仅如此，莴笋还具有很高的营养价值，食用莴笋对人体的健康非常有利。儿童多吃莴笋对生长发育很有益处，每天吃 200 克的莴笋叶，即可满足对胡萝卜素的需要。

莴笋的特征

莴笋的根系浅，吸收能力弱，对氧气要求较高，种植莴笋的土壤以沙壤土为好。莴笋根据叶片形状可分为尖叶和圆叶两个类型，各类型中依茎的色泽又有白笋（外皮绿白）、青笋（外皮浅绿）和紫皮笋（紫绿色）之分。莴笋的适应性强，可春、秋两季或越冬栽培，以春季栽培为主，夏季收获。

莴笋的茎、叶中都含有莴苣素，所以有一点儿苦涩的味道。

海带 带子一样的藻类

海带的特点

海带为长条扁平叶状体，颜色为褐绿色，有两条纵沟贯穿于叶片中部，形成中部带，一般长 1.5~3.0 米、宽 15~25 厘米，最长者可达 6 米，宽可达 50 厘米。野生海带生于海边低潮线下 2 米深的岩石上，如果是人工养殖的，则生长在绳索或竹材上。

海带是多年生大型食用藻类，是褐藻的一种，生长在海底的岩石上，形状像带子，含有大量的碘，可用来提制碘、钾等。

海带的营养价值

海带含有 60 多种营养成分，热量低、蛋白质含量适中、矿物质含量丰富，是一种理想的天然海洋食品。食用海带可以降低血糖、血脂和胆固醇，可有效地预防动脉硬化、便秘、老年性痴呆和抵抗衰老等。所以，日本人把海带称为“长寿菜”。

扁豆 豆中之王

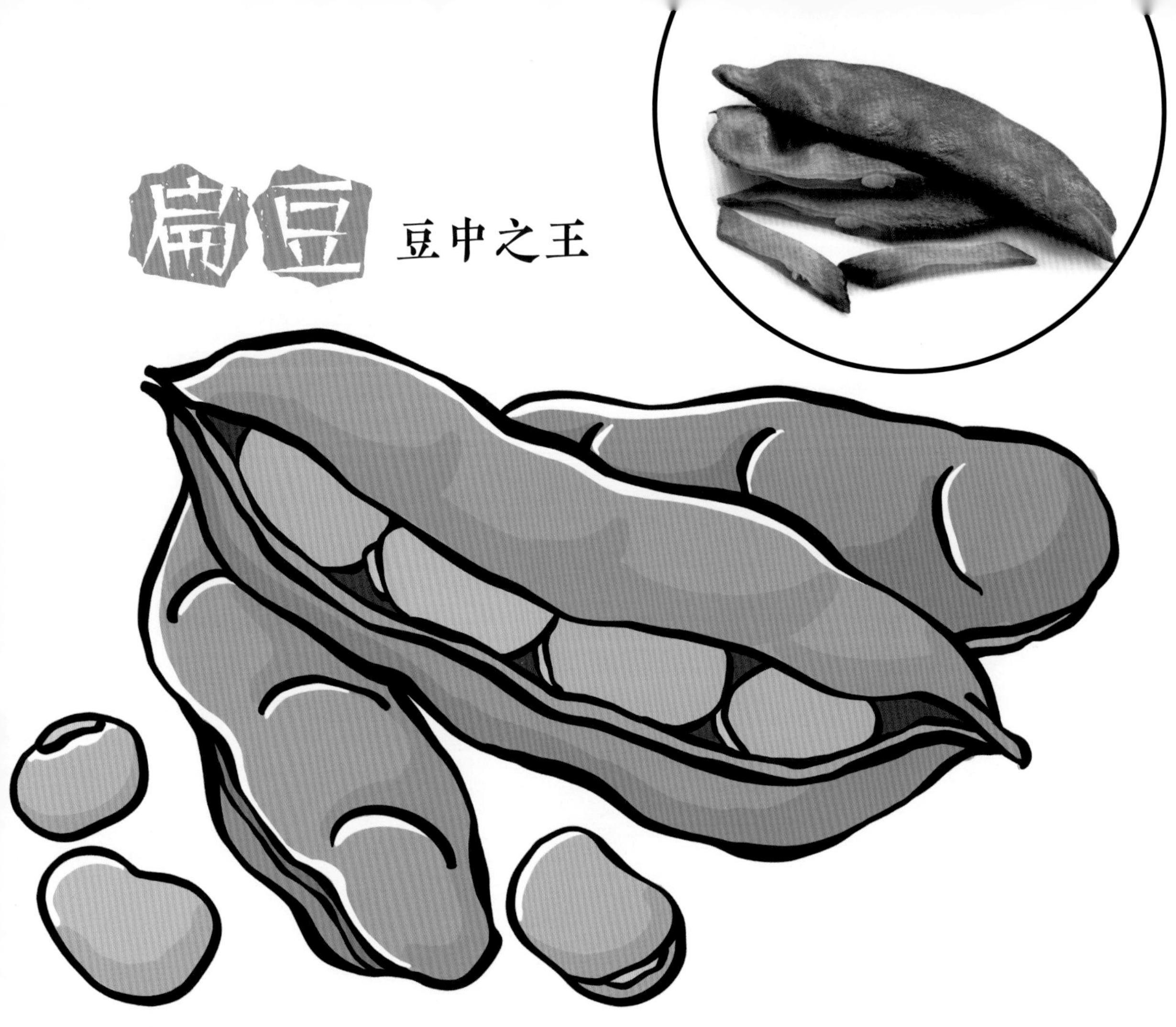

豆中之王名副其实

扁豆看似平平无奇，但可不能忽略了它在蔬菜中的重要地位——豆中之王。扁豆和莲藕不相上下，全身都是宝哇！它的嫩荚肥厚鲜嫩，是家中必备的菜肴。种子是滋补养颜上品，不仅矿物质和维生素含量较高，而且含有丰富的氨基酸及植物蛋白，对人体有益且更容易被人体吸收呢！

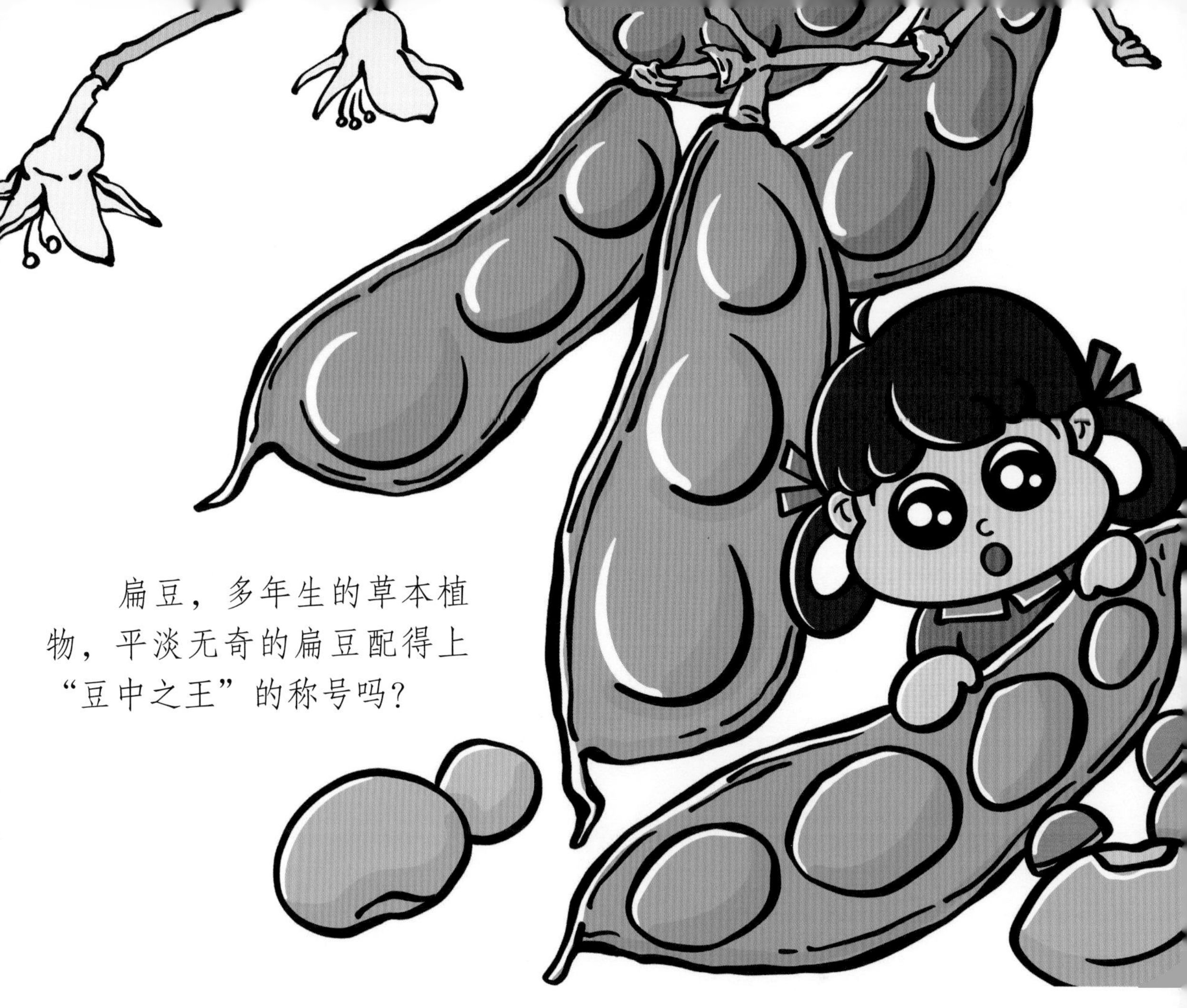

扁豆，多年生的草本植物，平淡无奇的扁豆配得上“豆中之王”的称号吗？

扁豆的特色

扁豆最高可长到6米，姿态婀娜多姿，颜值高峰期在花季，一簇簇红红白白的扁豆花特别惹人喜爱。豆荚有绿白、浅绿、粉红或紫红等色。最让人惊奇的还是扁豆的种子，有黑、白两色。黑的叫鹊豆，周边红，越往中间，色越淡，未红处是青色，肉薄，极有韧性，且有白道如喜鹊的羽毛；白的叫杨岸豆，肉厚，形如半月，可烹饪食用，是滋补珍品。

红薯 美味的植物

红薯原产于美洲，在明朝万历年间引入中国，现已在全国普遍栽种。

红薯的特征

红薯是旋花科一年生草本植物，能长到2米以上，平卧在地面上。叶片通常为宽卵形，长4~13厘米、宽3~13厘米，花冠有粉红色、白色、淡紫色或紫色的，像个小漏斗。吃的部位为地下块根，块根为纺锤形，外皮土黄色或紫红色。

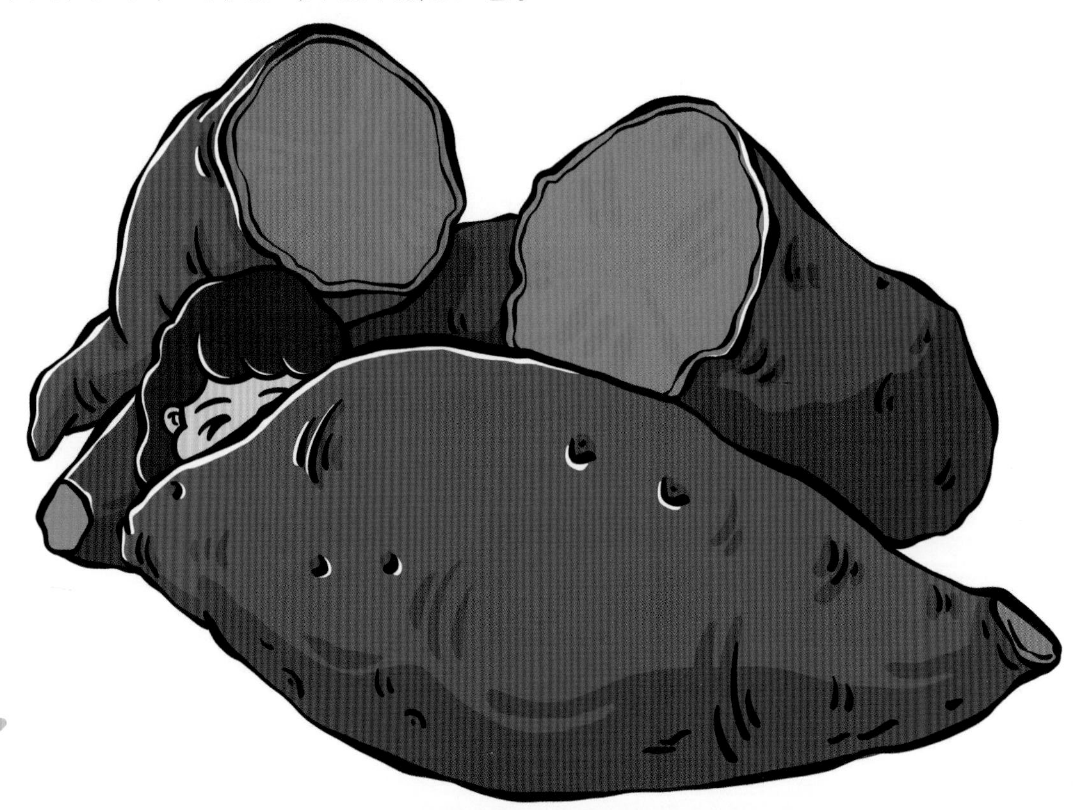

红薯的吃法

说起红薯，恐怕没有人不熟悉它。它有着土黄色或紫红色的外皮，或长或圆的身材，香甜绵软的口感，可以蒸着吃、煮着吃、炒着吃、烤着吃，咬一口，甜丝丝的，让人爱不释口。红薯的品种很多，常见的有红心红薯、白心红薯、黄心红薯、紫心红薯等。

包菜 卷心蔬菜

包菜的营养价值

包菜的营养价值根据品种的不同而不同，一般来说，紫色包菜的营养价值高于绿色包菜。紫色的包菜学名叫紫甘蓝，含有绿色包菜所没有的硫代葡萄糖苷和花色苷，这两种有机物都具有非常强的抗癌效果，能够有效地帮助人体增强免疫力。

包菜又叫卷心菜、结球甘蓝，在中国各个地方都能够种植。它耐寒、产量高，适于储存，便于运输，所以是一种很大众化的蔬菜。

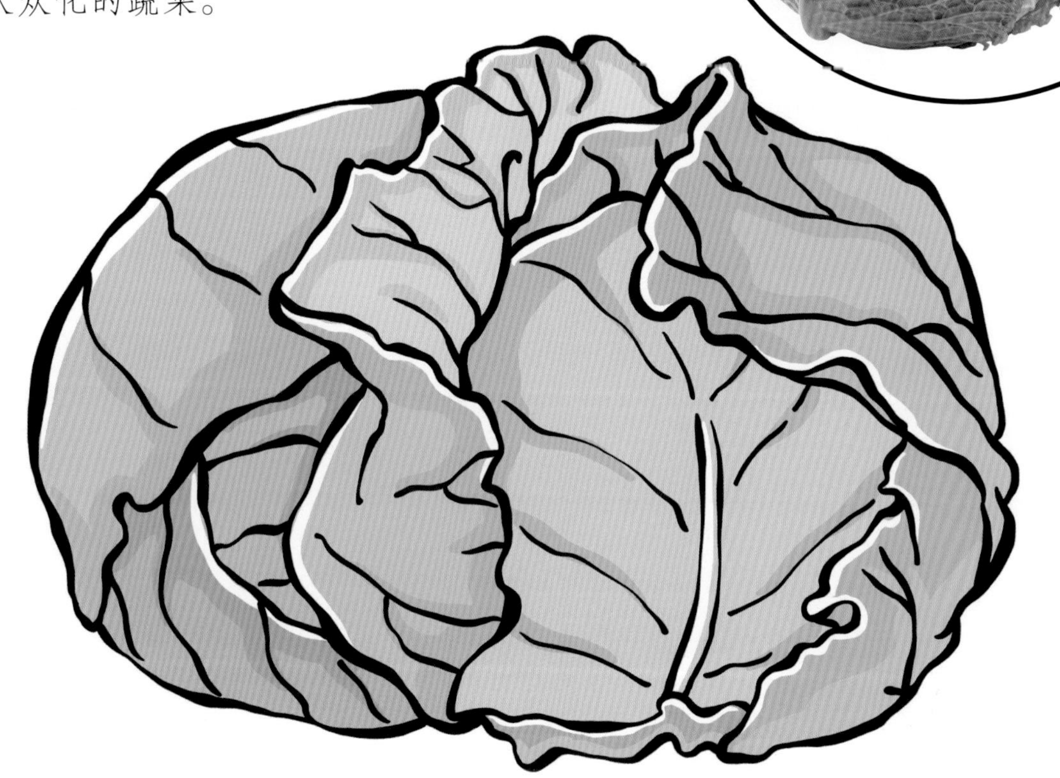

羽衣甘蓝

羽衣甘蓝为甘蓝的园艺变种，它的叶片比较肥厚，呈倒卵形，上面覆有一层蜡粉，颜色多变，具有波浪状的褶皱，就像是鸟的羽毛一样，非常绚丽。而且，它的叶片并不会随着长大而逐渐蜷缩成球形。一般作为观赏植物，也可以食用。

茄子 营养丰富

紫树开紫花，紫花结紫瓜——说的便是茄子。茄子有青色、灰色、白色、紫色，而紫色的茄子是最为常见的。

茄子的特点

茄子为常见蔬菜，是茄科一年生草本植物。茄子是少有的紫色蔬菜，营养价值也是独一无二的，它含多种维生素以及钙、磷、铁等矿物质元素，特别是茄子皮中含有较多的维生素，其主要成分是芸香苷儿茶素、橙皮苷等。

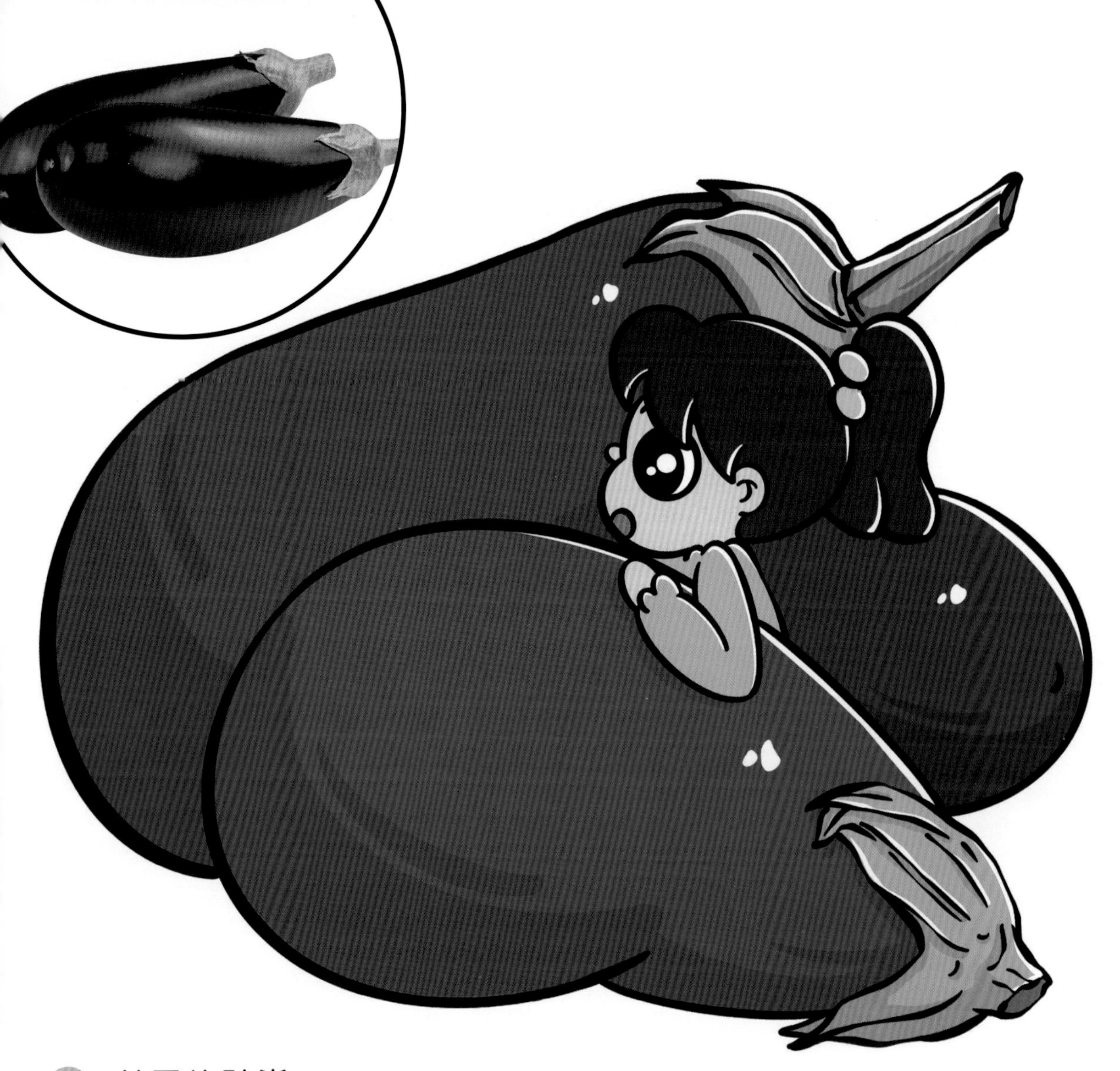

茄子的种类

长茄子和圆茄子在营养价值上并没有太大差别，只是在口感上略有不同。长茄子皮中的水分含量更丰富，纤维也较细，所以质地柔软。而圆茄子皮中水分较少，纤维较粗，口感相对硬些。所以烹饪时，圆茄子多以炒、炖为主，而长茄子则以凉拌口味最佳。

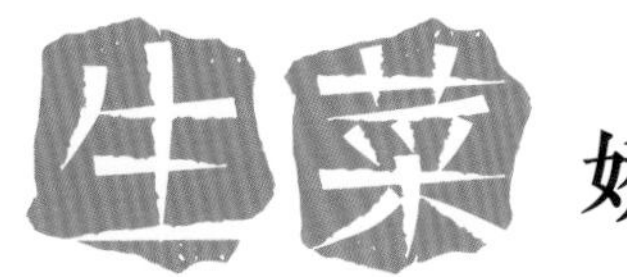

娇气的蔬菜

生菜，其实是莴苣的一种，因为主要食用它们的叶子，所以也叫作叶用莴苣。

娇气的植物

生菜为一年生或两年生草本作物，叶片呈倒卵形，密集成甘蓝状叶球，可生食，脆嫩爽口，略甜。生菜原产于欧洲地中海沿岸，由野生种驯化而来。生菜喜欢在阴凉的环境中生长，既不耐寒，又不耐热，适宜的生长温度为15~20℃，真是一种很娇气的蔬菜呢！

生菜的种类

生菜主要分为结球生菜、皱叶生菜和直立生菜三种。结球生菜与结球甘蓝的外形相似，其顶生叶形成叶球，呈圆球形或扁圆球形，食用部分为叶球，口感较鲜嫩。皱叶生菜又被称为散叶生菜，叶片呈长卵圆形，簇生如花朵，叶柄较长，叶缘波状有缺刻。直立生菜又称长叶生菜，和皱叶生菜一样不结球，但心叶会卷成圆筒状。

韭菜 辛香的懒人菜

辛辣气味

韭菜也叫起阳草、懒人草，属于百合科多年生宿根草本植物，它的适应性很强。韭菜的辛辣气味确实比较特别，这种味道来自韭菜所含的硫化合物。这种硫化合物有一定的抑制真菌、消炎、驱赶害虫的作用，有助于提高人体自身免疫力。

初春的韭菜最好吃，香、嫩、鲜；秋天的就差一些；夏天的味道最差，口感差，也没有鲜味。

一茬一茬割不完

许多蔬菜都需要精心照料，但是韭菜只需播种一次，便可年复一年地一直收割下去，真的是一种让人一劳永逸的蔬菜呀！在收割时，不要连根拔起，从地面上几寸下刀即可。而剩下的韭菜，只要不伤及根本，休养几天，便又是绿油油的一大片了。

山药

药食两用的蔬菜

山药的形态

山药外形为细长的圆柱状，有着土褐色的外皮，并长着一些杂须，可谓貌不惊人。但模样一般的山药却有着充满灵秀的内质，其肉质洁白细嫩，质地柔滑鲜脆，而且含有丰富的营养物质，对人体的健康十分有益。山药可以煮汤也可以炒食，口感甚佳。

山药为鲜生草质缠绕藤本植物。它的块茎呈长圆状，垂直生长，长达1米，新鲜时断面呈白色，有很多黏液，切片晾干后是白色粉质的。

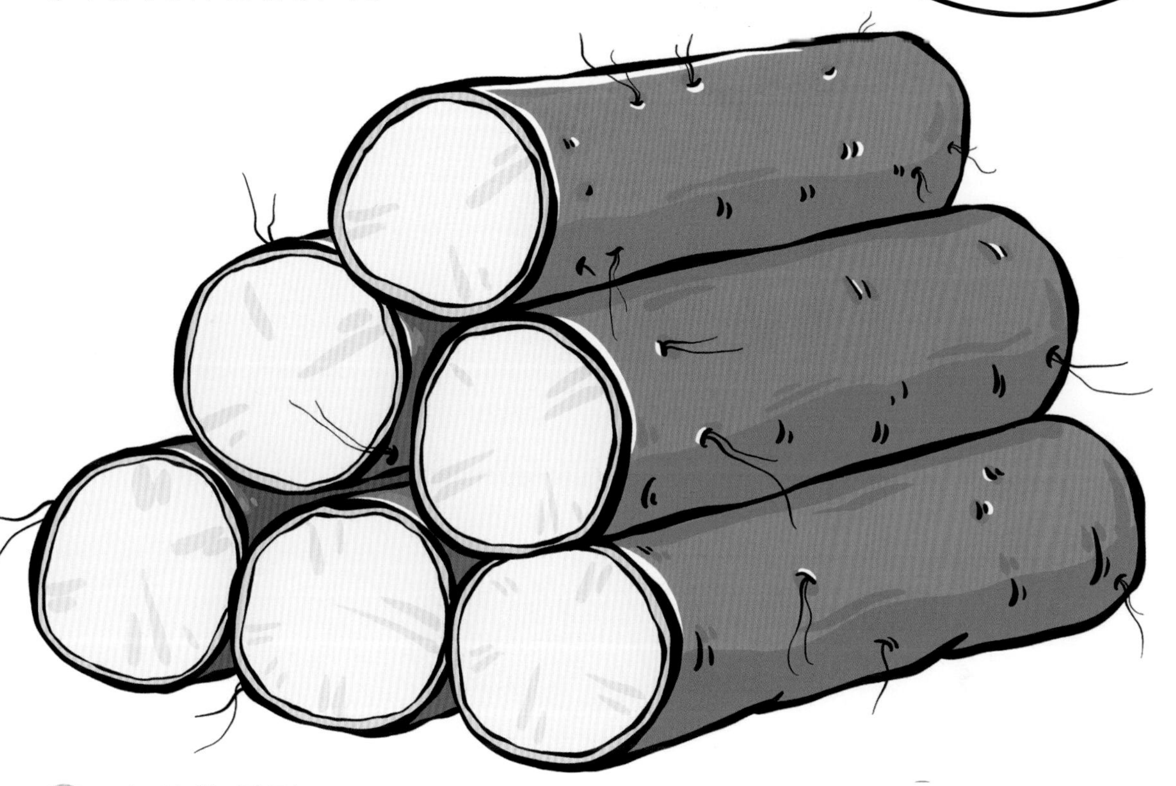

山药的品种

山药有多个品种，形态也都有所区别，不过一般的山药都是棍状的，有些会粗点儿，有些则会细点儿。有一些品种的外皮十分粗糙，上面还长着很细的小短毛；有一些品种外皮则很光滑，粗细也很均匀。

菠菜

大力水手的最爱

菠菜的特性

菠菜又名波斯菜、赤根菜、鹦鹉菜等，属藜科菠菜属一年生草本植物。菠菜能长到1米高呢，根大多是红色的，也有少数是白色的，呈圆锥状，叶子绿绿的。菠菜根甜甜的，清洗干净了和叶子一样是可以吃的。

菠菜原产于伊朗，传入中国后，在中国普遍栽培，是极为常见的蔬菜之一。

补充能量的蔬菜

在美国的一部叫《大力水手》的动画片中，主人公大力水手波比在能量用完以后就会吃菠菜，他只要吃了菠菜，就能补充足够的能量，瞬间变强、变壮。虽然这是菠菜罐头厂家为了推广菠菜做的动画片，但是确实帮助了不少孩子爱上了吃菠菜。

冬天专属蔬菜

冬天可以不下雪，但是不能没有大白菜。特别是在北方，一个冬天基本就靠它了，可以炖肉，可以包饺子，还可以拌凉菜，好像它是无所不能的。将大白菜储存好，留到漫长的冬季食用，可以从秋末一直吃到开春。

大白菜为十字花科一年生或两年生草本植物，整体呈椭圆形。

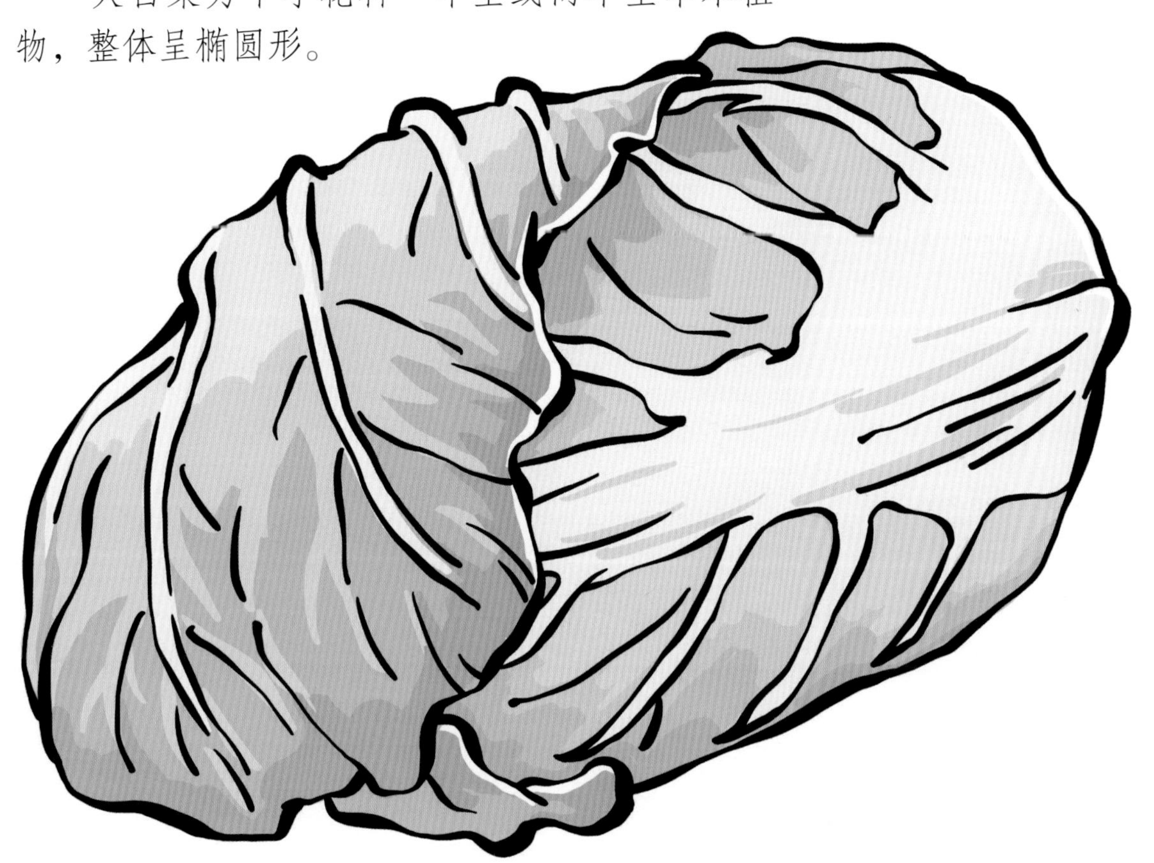

菜中之王

白菜古时又叫菘，有“菜中之王”的称号。为什么叫“菘”呢？明代李时珍在《本草纲目》中说：大白菜一年四季都常见，像松树一样很有节操，在冬天都不会凋零，所以叫作“菘”。大白菜虽然“土”味十足，却很有节操。古往今来，大白菜的各种烹饪方法都让人十分喜欢。

空心菜

健康美味的素菜

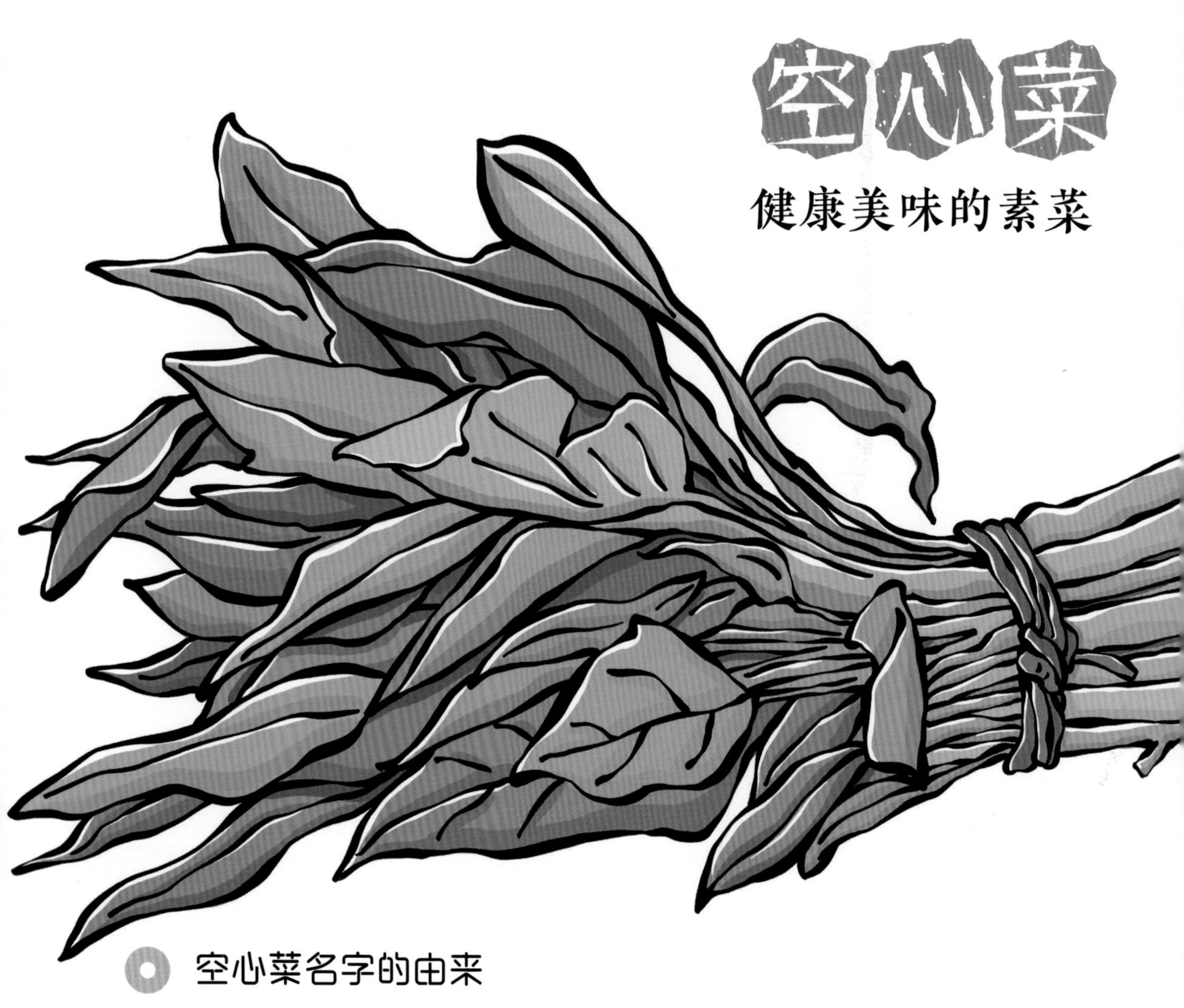

空心菜名字的由来

空心菜是一类水陆两栖性植物，它既可生活于旱地又可生活于水田中，但还是水分较多时生长得更旺盛。因为其圆柱形的茎秆有节，且节内是空的，故得名“空心菜”。广东人还叫它“通菜”，也是这个缘故哇！

空心菜别称蕹菜、通菜，属茎蔓性植物，为须根系，根系分布很浅，再生能力特别强。

健康美味的素菜

空心菜在餐桌上出现的频率是非常高的，它简单易做，随便用大火翻炒几下就脆嫩且美味，且空心菜富含钾、氯及粗纤维素，作为桌上的素菜担当，非常健康。

红薯叶 营养极丰富

红薯叶是红薯藤的叶子，又称地瓜叶，是旋花科甘薯植物，营养非常丰富哇！

红薯叶的价值

红薯叶是红薯的副产品。一直以来，红薯叶都被作为动物饲料甚至被丢弃。但经过研究发现，红薯叶是一种有机蔬菜，具有丰富的营养价值，在美国被誉为“航天食品”，由此可见它的营养价值非同一般。

红薯叶的营养

红薯叶翠绿鲜嫩、爽口，它的营养含量高于菠菜、芹菜等蔬菜，特别是它的类胡萝卜素含量比普通胡萝卜、芋头还高。

芹菜 芳香怡人的蔬菜

芹菜既可炒食、生食，也可作为调味蔬菜使用，与香菜同为最常用的香味作料之一。

芹菜的特征

芹菜起初是作为观赏植物进行种植的，后经过长期的栽培驯化，培育出植株矮小、叶柄细长、风味浓郁的类型，这就是中国芹菜。芹菜的香气芬芳宜人，一般食用的部位是叶柄而不是茎，芹菜茎部其实非常短小，因此芹菜被归类于叶菜类蔬菜。

西芹与本芹的区别

本芹就是中国芹菜，西芹与本芹相比有许多不同之处。西芹叶丛比较紧凑，分枝很少；叶柄肥厚实心，质地脆嫩，纤维少，无渣，味道清香微甜，风味较淡，既可生食又能熟食；做出的菜，形、色、香、味俱佳。

姜还是老的辣

姜的生命力很强

姜的生命力很强，它不需要用种子繁殖，而是直接用姜块进行繁殖，所以没有主根，属于浅根性作物。姜块种植后，从幼芽的茎部长出数条根，在这些根上又长出若干条小侧根。姜进入旺盛生长期后，还可从姜母和子姜上长出若干条肉质根，这些肉质根也具有一定的吸收养分的能力。

姜是姜科多年生草本植物，会开黄绿色的花，很漂亮。它的根茎肥厚，多分枝，有芳香及辛辣味，是很常用的蔬菜及香辛料。

姜还是老的辣

它的意思就是：老姜比嫩姜辣。一般用来比喻有资历有经验的人，办事老练稳重。那么姜为什么辣呢？这是因为它含有姜辣素。姜辣素是姜酚、姜脑等与姜有关的辣味物质的总称。越老的姜含有的姜辣素越多，就越辣。

大蒜 药食两用

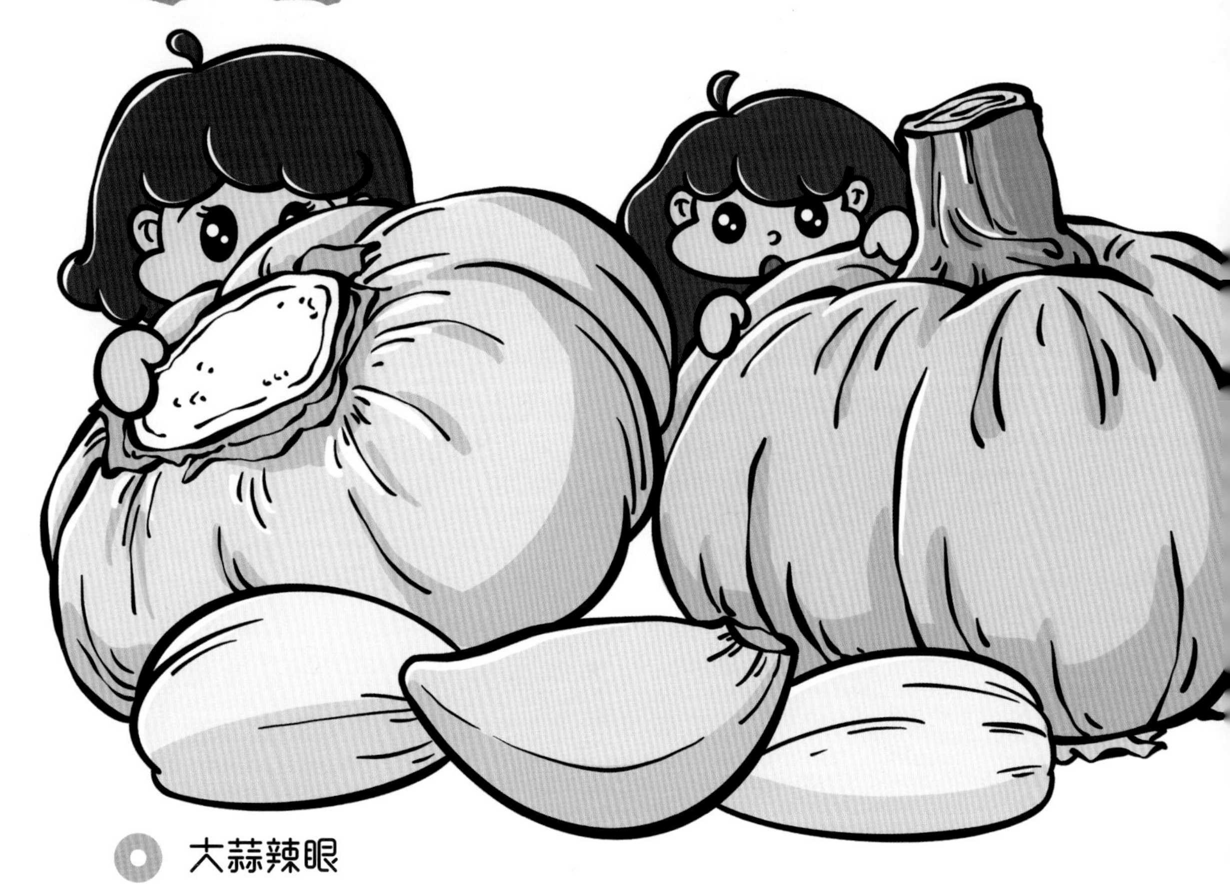

大蒜辣眼

大蒜为百合科葱属植物的地下鳞茎。大蒜、小蒜、洋葱、生姜和辣椒并称为“五辛”。从营养学的角度来说，大蒜有很强的辛辣味，就是因为当中的硫化物及挥发油含有硫醚的组成成分，这对于部分人体的黏膜、结膜这些比较脆弱的组织具有刺激性，所以长期过量食用大蒜，会引起眼部不适。

大蒜整棵植株具有强烈辛辣的蒜味，蒜头、蒜苗和蒜薹均可作为蔬菜食用，不仅可作为调味料，而且可入药。

蒜味让管人欢喜让人愁

对于喜欢大蒜的人来说，大蒜就是美味。大蒜味虽佳，但一口讨人厌的蒜味却挥之不去，让人尴尬。其实，释放出刺激性气味的大蒜素是大蒜本身的防御手段。原本白白胖胖的大蒜并没有味道，但就在掰开它、捣碎它的瞬间，一股刺激的气味就会迎面扑来，仿佛是大蒜对人的报复。蒜味实在让人欢喜让人愁。

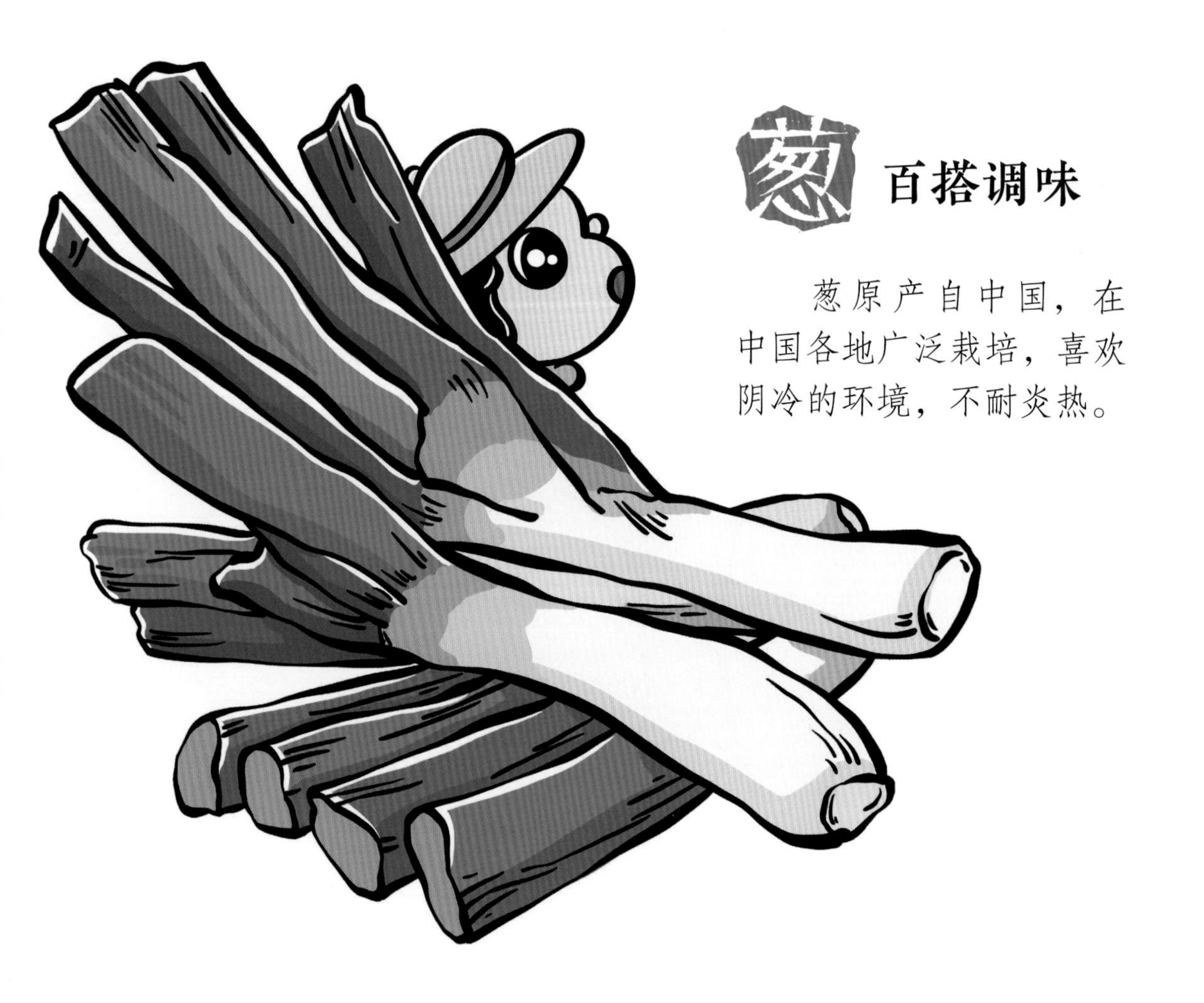

葱 百搭调味

葱原产自中国，在中国各地广泛栽培，喜欢阴冷的环境，不耐炎热。

特别的葱香味

葱特有的刺激气味其实是一种硫化物，其中包含有挥发油和辣素。它能刺激胃肠分泌消化液，因此起着增进食欲的作用。而且葱对人体汗腺的刺激作用较强，体味重的人在夏季最好少吃葱啊，不然体味会变得更重呢！

葱的种类

葱为百合科葱属多年生草本植物。世界上现存的葱的种类有四五百种，仅是我国用作蔬菜的就有一百种以上呢！葱可作为蔬菜食用，鳞茎和种子可以入药。相传神农尝百草找出葱后，便作为日常膳食的调味品，各种菜肴必加葱调和，故葱又有“和事草”的雅号。

图书在版编目（C I P）数据

蔬菜小屋 / 吴昊编著 . -- 哈尔滨 : 黑龙江科学技术出版社 , 2022.1

（植物图鉴）

ISBN 978-7-5719-1193-5

Ⅰ . ①蔬… Ⅱ . ①吴… Ⅲ . ①蔬菜 – 儿童读物 Ⅳ . ① S63

中国版本图书馆 CIP 数据核字 (2021) 第 234204 号

蔬菜小屋
SHUCAI XIAOWU

作　　者　吴　昊
策划编辑
封面设计　深圳 · 弘艺文化 HONGYI CULTURE
责任编辑　徐　洋
出　　版　黑龙江科学技术出版社
地　　址　哈尔滨市南岗区公安街 70-2 号
邮　　编　150007
电　　话　（0451）53642106
传　　真　（0451）53642143
网　　址　www.lkcbs.cn
发　　行　全国新华书店
印　　刷　哈尔滨市石桥印务有限公司
开　　本　1/24
印　　张　15 5/6（全 5 册）
字　　数　100 千字（全 5 册）
版　　次　2022 年 1 月第 1 版
印　　次　2022 年 1 月第 1 次印刷
书　　号　ISBN 978-7-5719-1193-5
定　　价　99.00 元（全 5 册）

水果王国

吴昊　编著

前言

红红的苹果漂亮又可口，还被称作“水果医生”呢；

小小的蓝莓酸甜适中，看着不起眼，可是它们是保护眼睛的小能手；

蜜橘，顾名思义，那就是像蜂蜜一样甜美的水果呀；

臭臭的榴莲，看上去好多刺，好可怕，但是它在很多人眼里香甜无比，还是热带水果之王呢；

…………

小朋友们，你们知道吗，水果是人类不可缺少的食物之一。我们每天都要吃一些水果，它们富含糖类、维生素、矿物质和水分，能让我们的身体更健康啊！

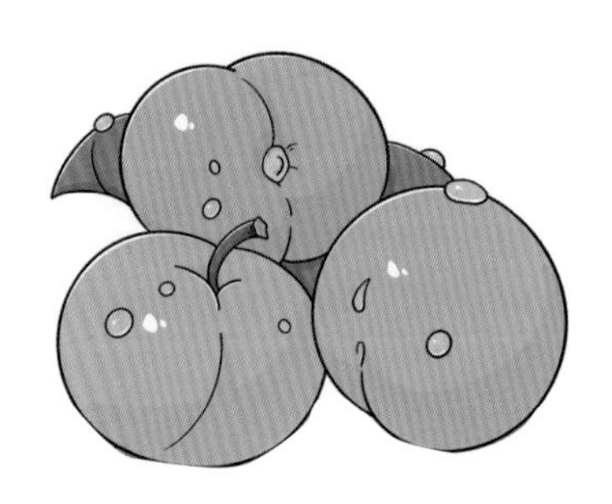

水果形态各异，千奇百怪，有圆的、椭圆的、长条形的、大的、小的、带刺的、光滑的等等。它们有着各种各样的颜色，有红色的、白色的、黄色的、绿色的、紫色的等等；它们还有着不同的味道，有甜的、有酸的、有涩的，也有酸酸甜甜的……

想知道这些水果都叫什么吗？想知道这些水果长什么样吗？翻开这本书，你就都可以看到。

目录

苹果——温带水果之王 6
梨——百果之宗 8
香蕉——快乐水果 10
葡萄——让眼睛亮晶晶 13
提子——葡萄之王 14
蓝莓——护眼能手 16
水蜜桃——果中皇后 18
蜜橘——像蜜一样甜的水果 20
金橘——生命之果 22
柚子——天然水果罐头 24
橙子——可以美白的水果 26
柠檬——柠檬酸仓库 28
西瓜——盛夏之王 30
草莓——种子长在外的水果 32
荔枝——南国的果中之王 34
桑葚——药食同源的水果 36
龙眼——华南珍果 38
猕猴桃——毛茸茸的水果 40

CONTENTS

菠萝——身披铠甲的水果 …………………… 42
榴莲——又香又臭的水果之王 …………… 44
菠萝蜜——热带水果皇后 ………………… 46
樱桃——天然维生素 C 之王 ……………… 48
李子——夏日之果 ………………………… 50
火龙果——红红火火吉祥果………………… 52
杧果——夏日甜品界的王者………………… 54
石榴——红宝石一样的果实………………… 56
人参果——跟人参毫无关系………………… 58
杏——农家的摇钱树……………………… 60
无花果——花果一体的水果………………… 62
木瓜——百益之果 ………………………… 64
柿子——果中圣品 ………………………… 66
枇杷——止咳良品 ………………………… 68
哈密瓜——甜蜜的瓜中之王………………… 70
杨梅——好吃又营养的水果………………… 72
大枣——天然维生素丸 …………………… 74

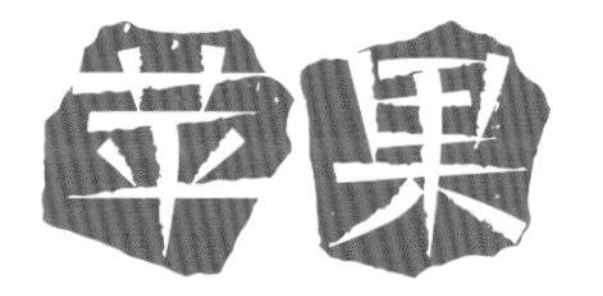

苹果

温带水果之王

苹果营养丰富，吃起来又脆又甜，号称“温带水果之王”。

水果医生

一日一苹果，医生远离我——苹果中含有果胶、酚酸、黄酮类物质、维生素以及丰富的矿物质，这些营养物质很容易被我们的身体吸收，常吃苹果可以抗病毒、抗氧化、提高免疫力，还能美容减肥。苹果还真是名副其实的“水果医生”呢。

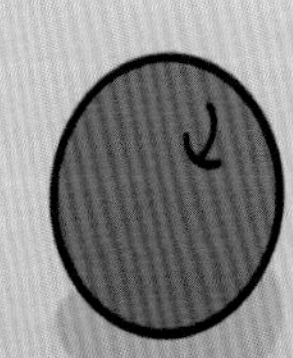

苹果的颜色

常见的苹果一般有三种颜色：红色、黄色、青绿色。苹果的颜色是由不同的色素决定的，主要有叶绿素、胡萝卜素、花青素等。苹果没有成熟时，果皮里有很多叶绿素，所以呈现绿色。然而，随着阳光的照射，叶绿素被一种叫叶绿素酶的物质分解，果皮中的胡萝卜素和花青素就成了主力，它们是红色、橙红色的，于是苹果的“小脸蛋”就变成红色或者黄色了。不过，青苹果果皮中的叶绿素特别多，无论太阳怎么晒都晒不红。

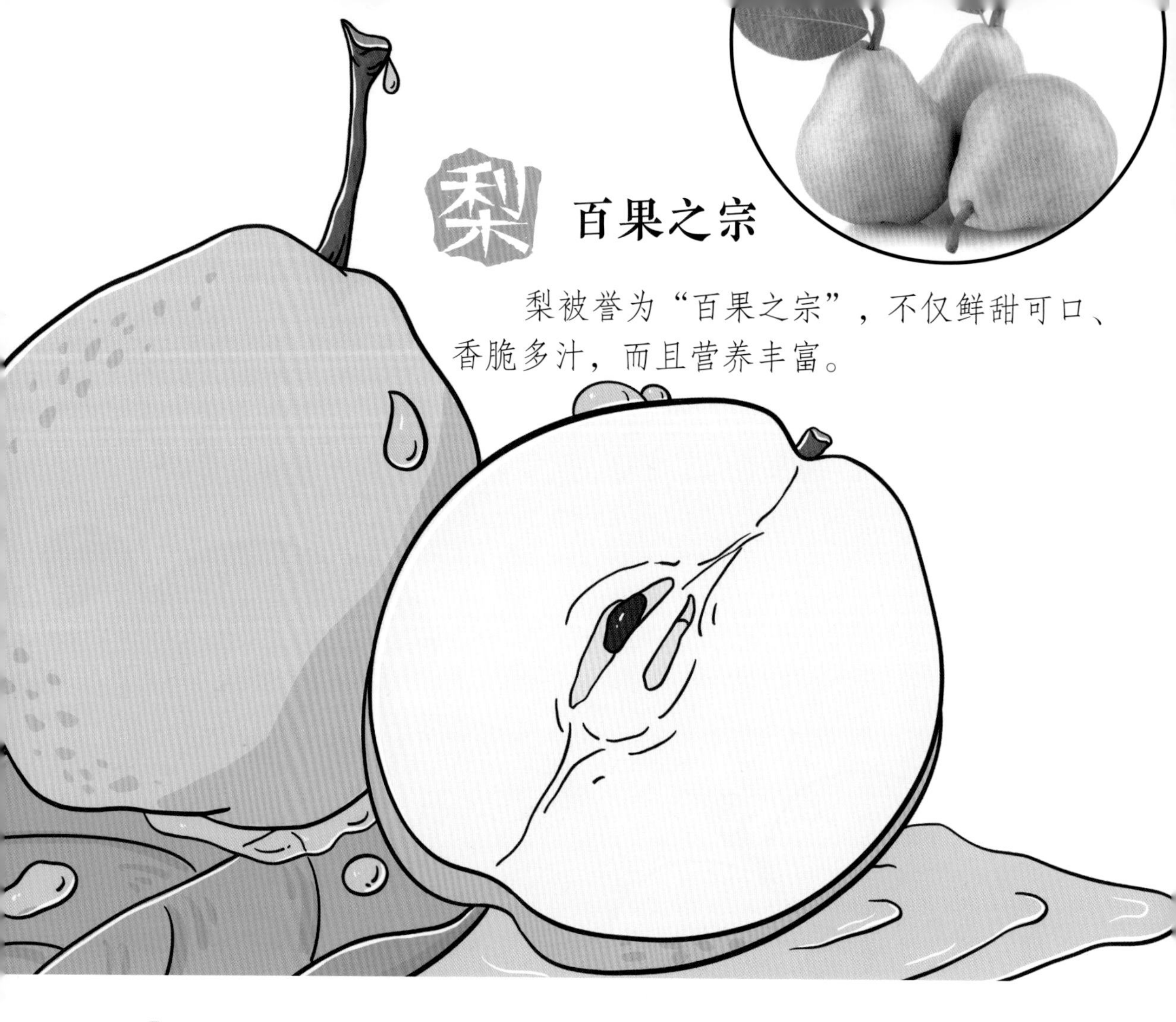

梨 百果之宗

梨被誉为“百果之宗”，不仅鲜甜可口、香脆多汁，而且营养丰富。

梨的作用很大呀

“小时开白花，大时结黄果，皮粗果肉细，吃了能败火。”打一水果。

没错，这个谜底就是我们常吃的梨。一般梨的外皮呈现出金黄色或暖黄色，里面果肉则为通亮的白色。梨含有多种维生素及钾、钙等元素。梨和冰糖一起煮水喝，可治疗咳嗽。

白梨和雪梨的区别

雪梨表皮微白而果肉雪白，果实比较大；白梨的表皮金黄，带有蜡质光泽，果实比较小，重量一般只有雪梨的一半。雪梨用于清火去燥、止咳润肺效果更好。

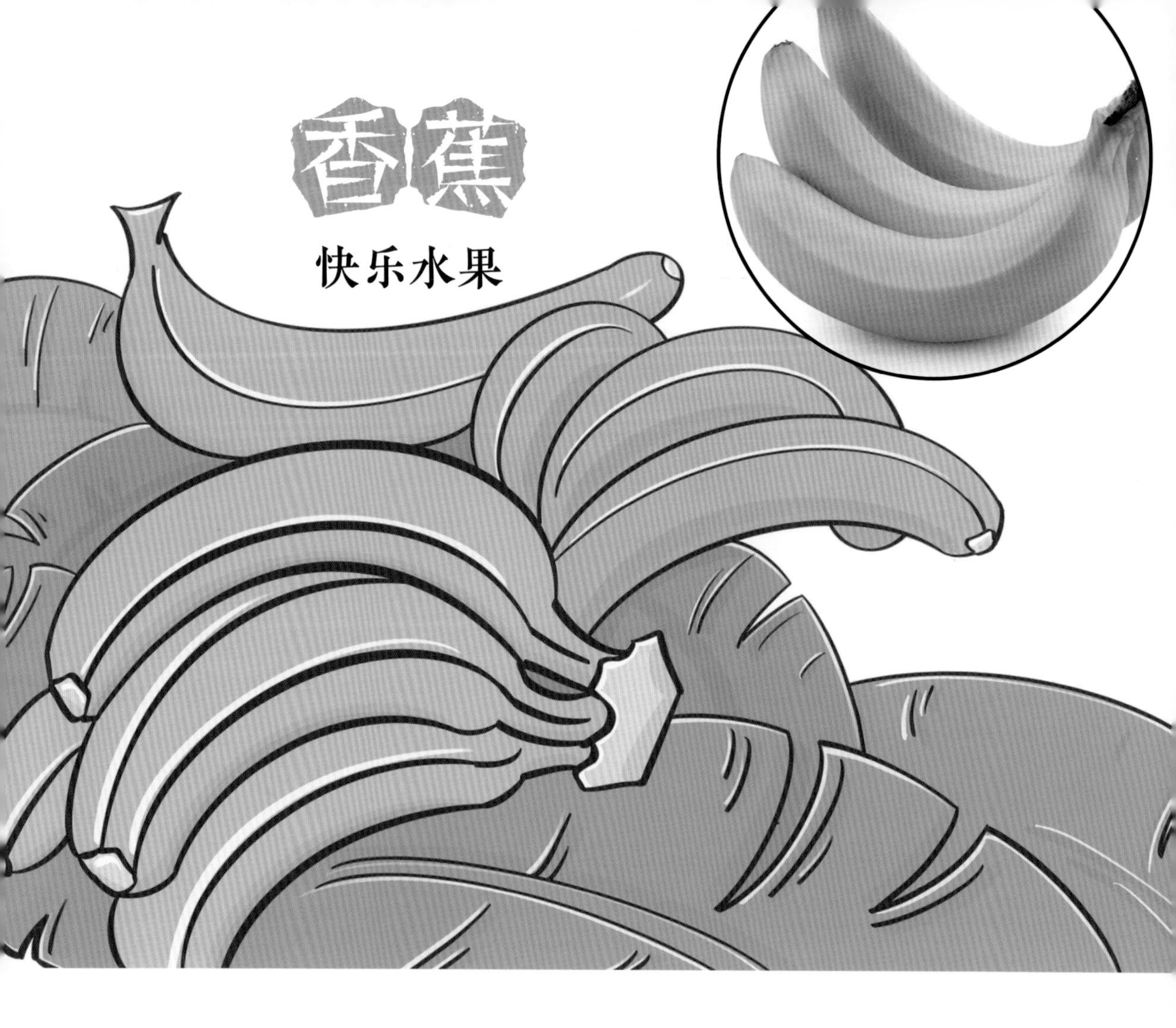

香蕉为什么被称为“快乐水果”

香蕉营养很高且热量也高，但香蕉里含有一种叫作泛酸的快乐激素。人在食用香蕉后，身体内就会产生一种血清素，能缓解心理压力、消除烦恼，使人感受到愉悦，因此香蕉就有了“快乐水果”的称号。

香蕉是一种健康的水果，小朋友们，吃香蕉不仅能够补充营养，还能让人变得快乐。

变黑的香蕉还能吃吗

香蕉皮发黑，并不是坏了。如果仅仅是香蕉表皮出现黑点，说明香蕉已经完全成熟，此时口感最好。但是小朋友们要记住，假如香蕉果肉也出现发黑、腐烂等现象时，就不能再吃了，吃了容易拉肚子呀！

葡萄品种知多少

葡萄原产于亚洲西部，现在在世界各地都有栽培。世界上葡萄品种达 8000 个以上，中国约有 800 个。葡萄有红色、紫色、绿色、白色、暗红色等不同颜色，它们的营养成分都差不多，除了可以直接吃，还能用来酿酒、做葡萄干、榨汁呢！

葡萄 让眼睛亮晶晶

葡萄是世界上最古老的水果之一呢，与苹果、柑橘、香蕉并称“世界四大水果”。

为什么吃葡萄能让眼睛更明亮

小朋友们可以多吃葡萄，因为葡萄中含有一种叫作花青素的物质，能保护我们的视力。人们有视力下降的情况，大部分是由眼睛的晶状体变性导致的，而吃葡萄可以对晶状体起到修复作用，有助于保护视力，还可以预防青光眼的发生。

提子 葡萄之王

提子，原产于美国加利福尼亚州，因此又被称为“美国提子”或“美国葡萄”。

提子是葡萄的一种

提子是葡萄的品种之一，由于提子个头儿比葡萄大，果皮也很薄，而且果肉充实、味道极好，因此提子有“葡萄之王”的美誉。提子有红提、青提、黑提等。从营养成分上来说，提子与葡萄的营养成分是无太大差别的。葡萄和提子中都含有大量的葡萄糖和果糖，进入人体后会转化成能量，可迅速增强体力，消除身体的疲劳感。

从外表怎么区分提子和葡萄

提子的外形大多呈椭圆形，果粒大，而葡萄大多是圆形。葡萄的颜色很深，发黑发紫，而且皮很厚，葡萄的外表面有一层白色的毛絮状物质，而提子的颜色有青色、黑色和暗红色。所以，从形状和颜色上还是很容易区分葡萄和提子的。

蓝莓

护眼能手

蓝莓有“蓝色的浆果”之意。原产于美国及东亚，现分部地区较广泛。

保护眼睛的小能手

小朋友们可别小瞧了这小小的蓝色果子。蓝莓属杜鹃花科，越橘属植物。蓝莓中的花青素可促进视网膜细胞中视紫质的再生成，可预防重度近视及视网膜剥离，并可增进视力。

蓝莓的故事

关于蓝莓名字来源的故事是这样的。早期乘船到北美洲的一批人，因长期缺少新鲜的水果、蔬菜而患上了可怕的“败血症”，当地的印第安人就给他们食用一种蓝色浆果，最终治好了他们的病。这种果实底部有星星状的蒂，因而被叫作“星星果”。这些人认为这是拯救了他们生命的果实，于是叫它蓝莓（Blueberry）。

水蜜桃 果中皇后

成熟的水蜜桃略呈球形，表面裹着一层细小的茸毛，青里泛白，白里透红，外形漂亮，还很好吃。

水蜜桃为什么叫“果中皇后”

水蜜桃的蛋白质含量比苹果、葡萄多一倍，比梨子多七倍；铁的含量比苹果多三倍，比梨子多五倍，素有“果中皇后”的美誉。水蜜桃还富含多种维生素，其中维生素 C 含量最高。

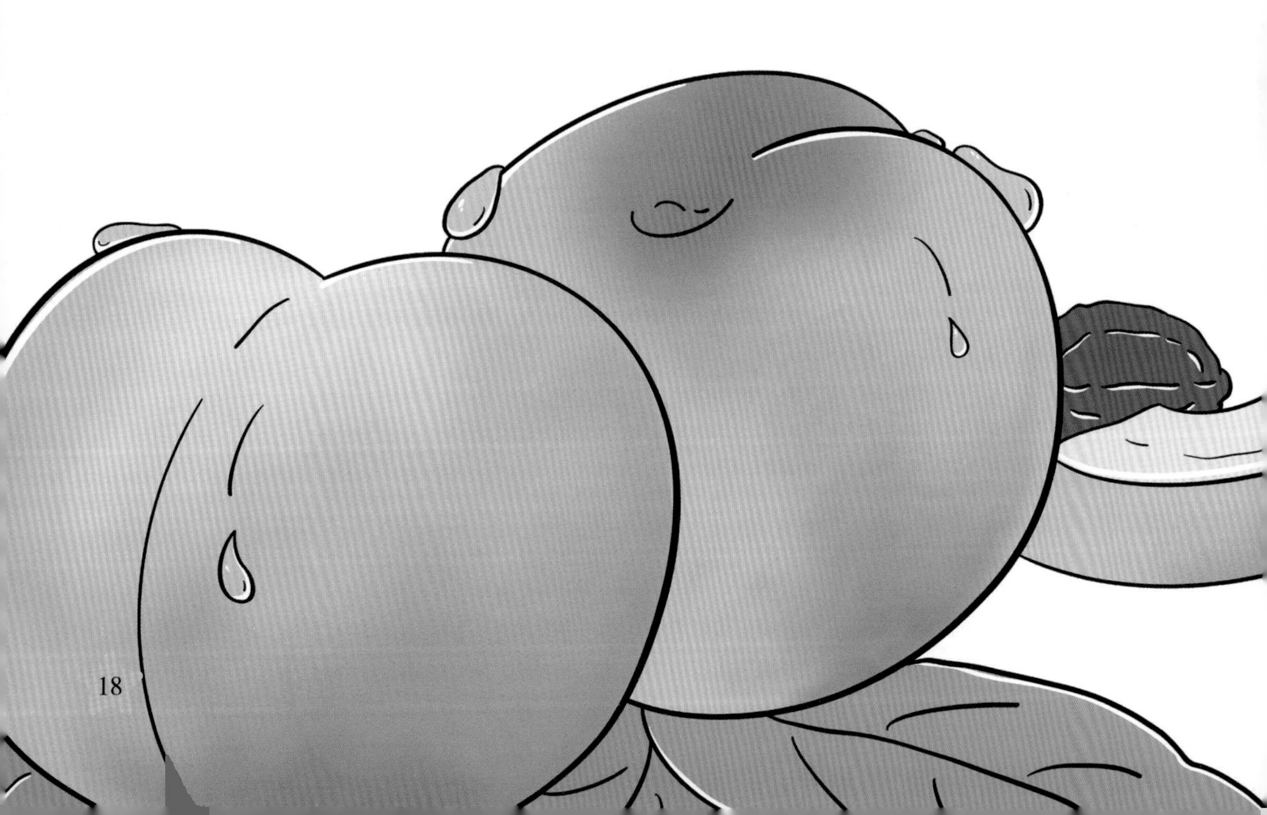

桃树一身都是宝

桃树属于落叶小乔木，一般高 3~4 米，树枝光滑，叶子狭长。树皮中含有一种胶液，叫桃胶，可以制成中药。桃叶可以止痒、杀虫、清热解毒。在炎热的夏季，用桃叶泡水给小朋友洗澡，可以防止蚊虫叮咬、止痒。

蜜橘 像蜜一样甜的水果

蜜橘是较常见的水果，它是柑橘的一种，味道甜如蜂蜜，所以叫蜜橘。

蜜橘为什么都披着黄色的外衣

未成熟的蜜橘都是绿色的，这是因为它的表皮上含有很多叶绿体。果子成熟后，叶绿体也会逐渐转变为橙色或黄色的有色体，这些有色体含有大量胡萝卜素及叶黄素，所以成熟的蜜橘都是橙色或黄色的。

橘树是改善环境的小卫士

橘树是芸香科柑橘属植物，喜欢温暖湿润的气候，耐寒性比柚子、橙子稍强，是热带、亚热带常绿果树。橘树四季常青，树姿优美，是一种很好的庭院观赏植物，集赏花、观果、闻香于一体，可以提高森林覆盖率，改善生态环境。

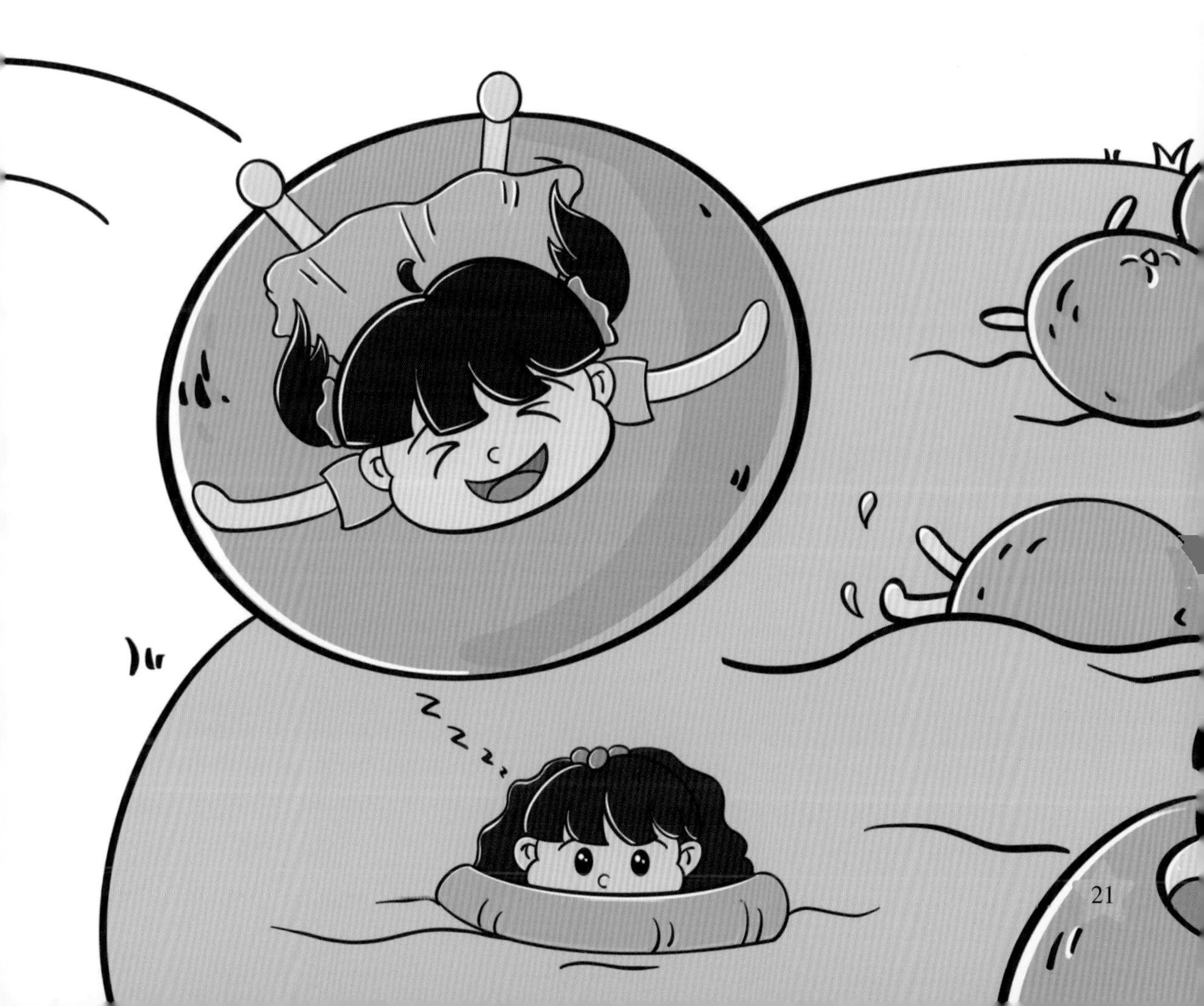

金橘

生命之果

金橘，又名为金柑，呈金黄色，汁多，味香甜，有丰富的果肉，口感很好。

金橘营养价值高

金橘是一种果皮也可以食用的小橘子，它还被称为“生命之果”，因为它有很高的营养价值。金橘的吃法很多，可以泡水、做果酱，或搭配其他食材混合食用。金橘中含有的橙皮苷和丰富的维生素能预防感冒，增强机体免疫力。在春秋换季干燥的气候下，吃点金橘还能止咳化痰，减轻呼吸道感染症状。

金橘树代表好运来

金橘喜欢阳光、温暖的环境，多分布在中国的长江流域地区。金橘有极高的观赏价值，经常作为盆栽。逢年过节，许多家庭都会购买金橘树放在家里，代表着“四季常青，新年好运来”的好兆头。

柚子 天然水果罐头

柚子是常见的水果之一，可储藏5~6个月的时间，常年都吃得到。

柚子内外兼美

在众多的秋令水果中，柚子可算是个头儿最大的了，而且皮厚肉多耐储藏，因此也有“天然水果罐头”的美名。柚子拥有的特殊口感，使其成为甜品业青睐的对象，著名的甜品“杨枝甘露”，就用到了柚子肉。

柚子皮也是宝贝

除了可作为甜品的果肉，柚子皮也是特殊的美食。柚子表皮可以单独削下来，制成蜂蜜柚子茶。还可以焖柚皮、烩柚皮，做法大同小异，都是把其他食材浓烈的滋味注入柚子皮里。不过用来做这些菜的柚子皮不是成熟的柚子，而是没成熟的柚子，这种柚子皮厚实，专门拿来做菜。

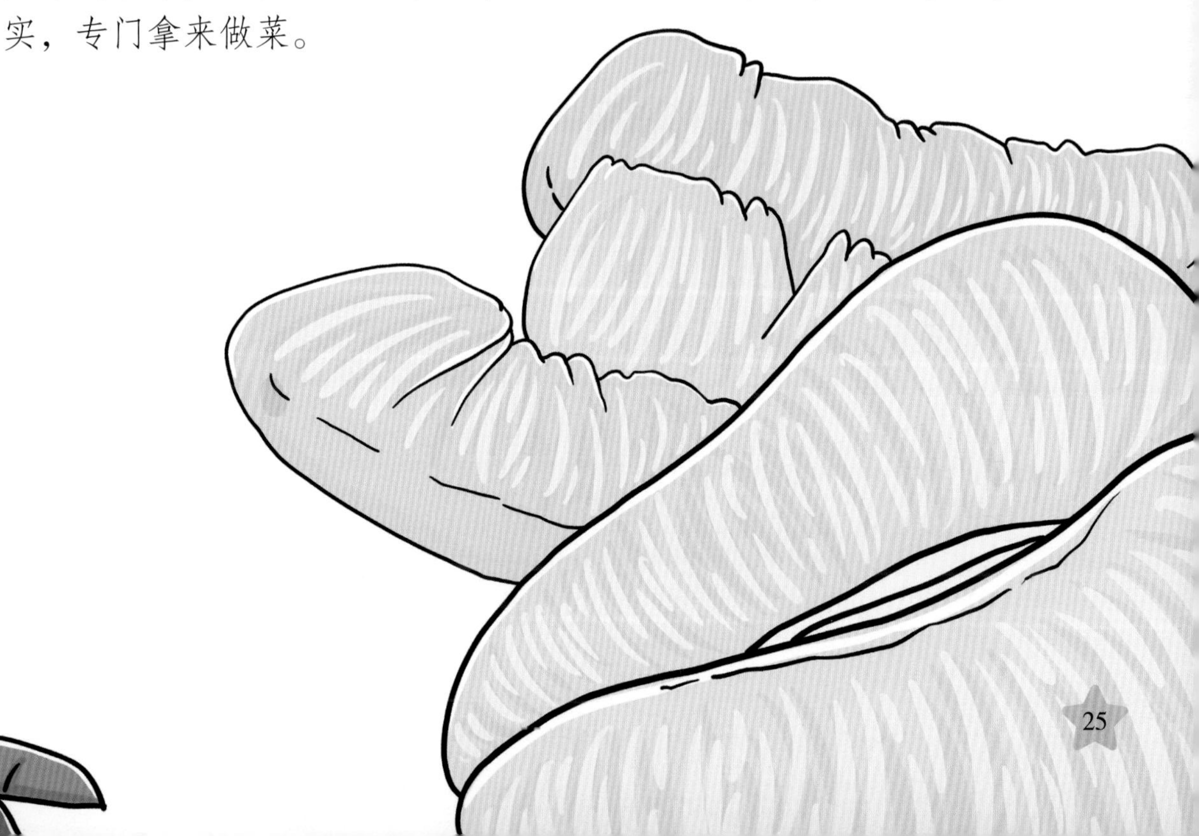

橙子 可以美白的水果

黄澄澄、圆溜溜的橙子成熟了，香气四溢，咬一口，甜甜的，真好吃。

血橙没有“血”

新鲜的血橙是红色或橙色的，有明亮的红色条纹，并且香甜多汁，有一种芬芳的香气，血橙大都无核。由于血橙中含有一种花色苷成分，因此果肉呈红色。

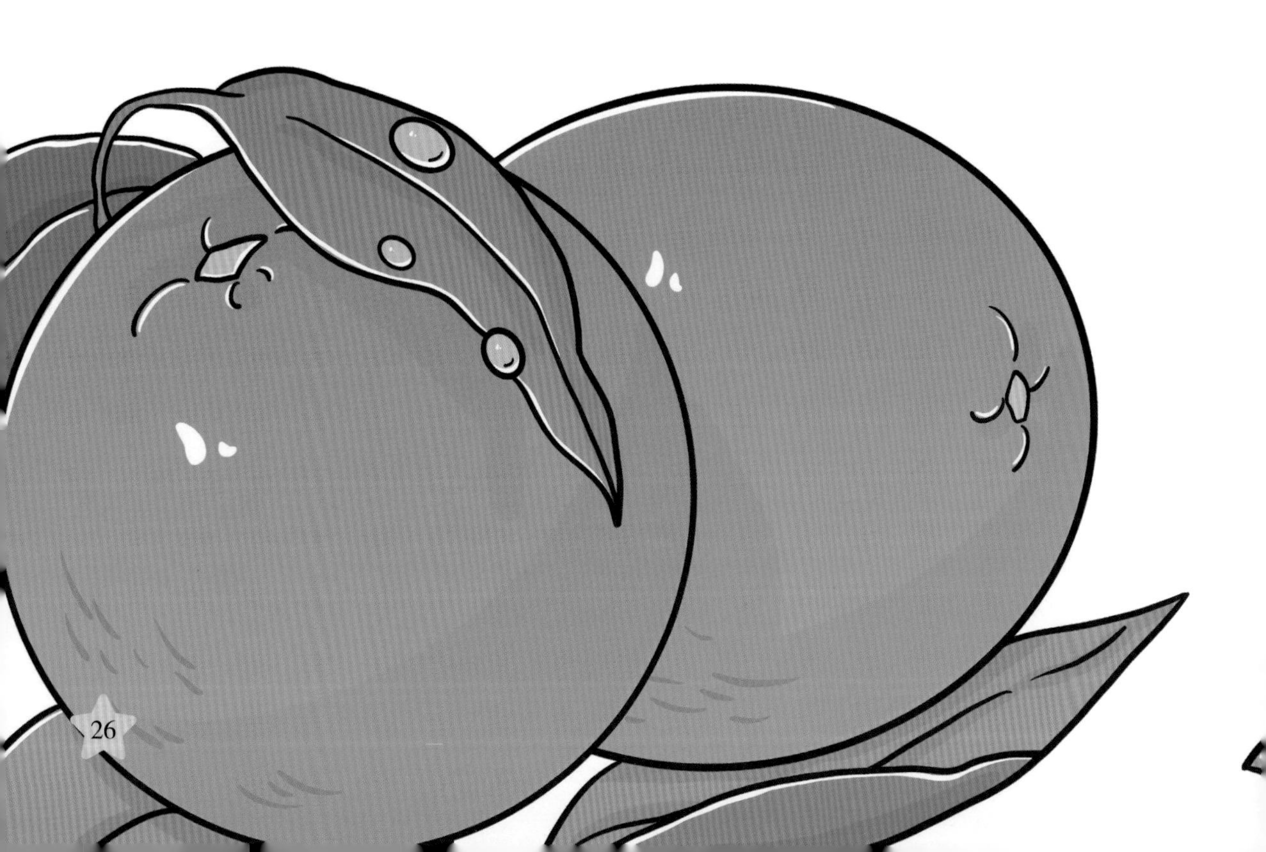

橙子美白效果很好

脐橙，是因为它长花的地方很像人的肚脐眼，因此而得名。果实就靠着这个“肚脐眼”不停地吸收养分得以长大。脐橙最适合鲜食，营养丰富。脐橙花量很大，可熏制芸香茶，果皮、叶片和嫩枝可用来提取精油。在日常生活中，多吃橙子或者多喝橙汁能够有效清除皮肤里的脏东西，延缓皮肤衰老，使皮肤变得白嫩而光洁。

富含柠檬酸

柠檬中含有丰富的柠檬酸，因此被誉为“柠檬酸仓库”。它的果实汁多肉脆，有浓郁的芳香气。因为味道特别酸，故只能作为调味料，用来调制饮料、菜肴、化妆品和药品。

柠檬富含维生素C，能化痰止咳、生津健胃，用于治疗支气管炎、百日咳、食欲不振、维生素缺乏、中暑烦渴等症状。

柠檬

柠檬酸仓库

柠檬绝对是人们印象中酸味的代表。

“坏血病”的克星

柠檬是“坏血病”的克星。18 世纪中叶，英国医生林德尝试用柠檬来治疗患了坏血病的水手，这些水手很快恢复了健康。之后，英国海军采用这种方法，规定水兵入海期间，每人每天要饮用定量的柠檬水，只过了两年，英国海军中的坏血病就绝迹了。英国人因此常用“柠檬人”这个有趣的称号，来称呼自己的水兵和水手。

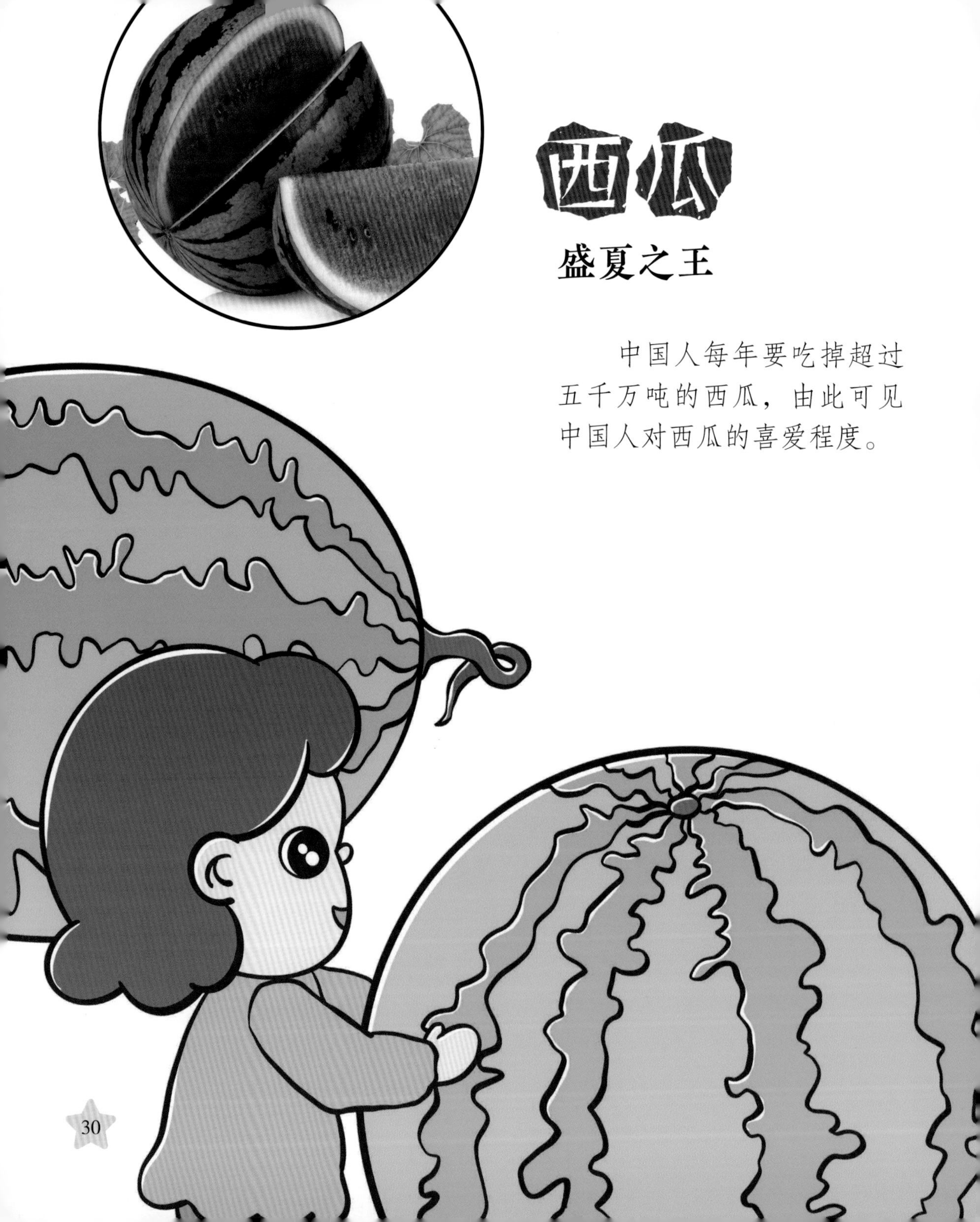

西瓜

盛夏之王

中国人每年要吃掉超过五千万吨的西瓜，由此可见中国人对西瓜的喜爱程度。

盛夏解暑佳果

西瓜被称为“盛夏之王”，又大又圆，切开后味甜多汁，清爽解渴。西瓜不含脂肪和胆固醇，但含有大量葡萄糖、苹果酸、果糖、氨基酸、番茄素及丰富的维生素C等物质，这些营养成分都很容易被人体吸收利用。夏天最适宜吃西瓜，不但可解暑热，还可以补充水分。

拍瓜辨生熟的原理

小朋友们挑西瓜的时候要注意了，生瓜水分相对要多，皮、瓤相对要硬，瓤的细胞含有很多水，所以在敲的时候，声音更脆、音调更高；而熟瓜的声音则发闷，音调低。不同品种的瓜，其他条件相同时，瓜皮厚的音调高，瓜小的音调高，含水量大的、细胞储满水的音调高。

草莓

种子长在外的水果

红果子，麻点子，咬一口，甜丝丝。——打一水果

草莓的特点

猜到了吗？上面这个谜语的谜底就是草莓。草莓是蔷薇科草莓属植物的泛称，全世界有 50 多种。草莓的主要特点就是籽长在果实外面。草莓外观呈心形或锥形，颜色鲜艳美丽，果肉多汁，酸甜适口，芳香宜人，营养丰富，深受人们的喜爱。

草莓有大作用

草莓的果实中含有维生素C、果胶、草莓胺、叶酸、钙、胡萝卜素、鞣酸等多种营养成分，适量食用草莓能促进肠胃蠕动，有助于消化，还能保护视力。草莓一般会在每年5月末到6月初成熟，有的地区4月就能采摘，有的地区会推迟一周才能采摘。草莓是喜光的植物，通常生长在光照充足环境中的草莓成熟时间会早一些。

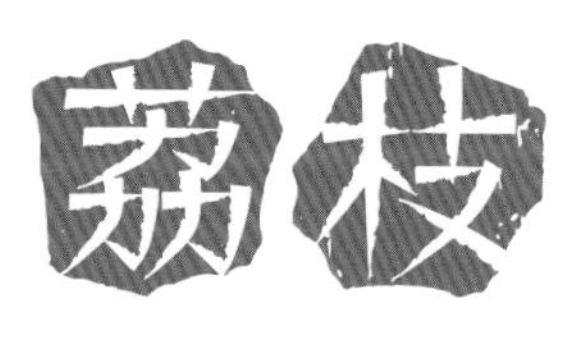

荔枝 南国的果中之王

荔枝在我国南部地区被誉为“果中之王”，味道香甜，深受人们喜爱。

荔枝树是什么样的

荔枝是中国南部出产的一种亚热带果树，是荔枝属的唯一物种，常绿乔木，通常高约 10 米。百年以上的树高超过 16 米，树冠直径 15 米以上，树皮粗糙呈龟裂状，为灰褐色、灰白色及黑褐色。

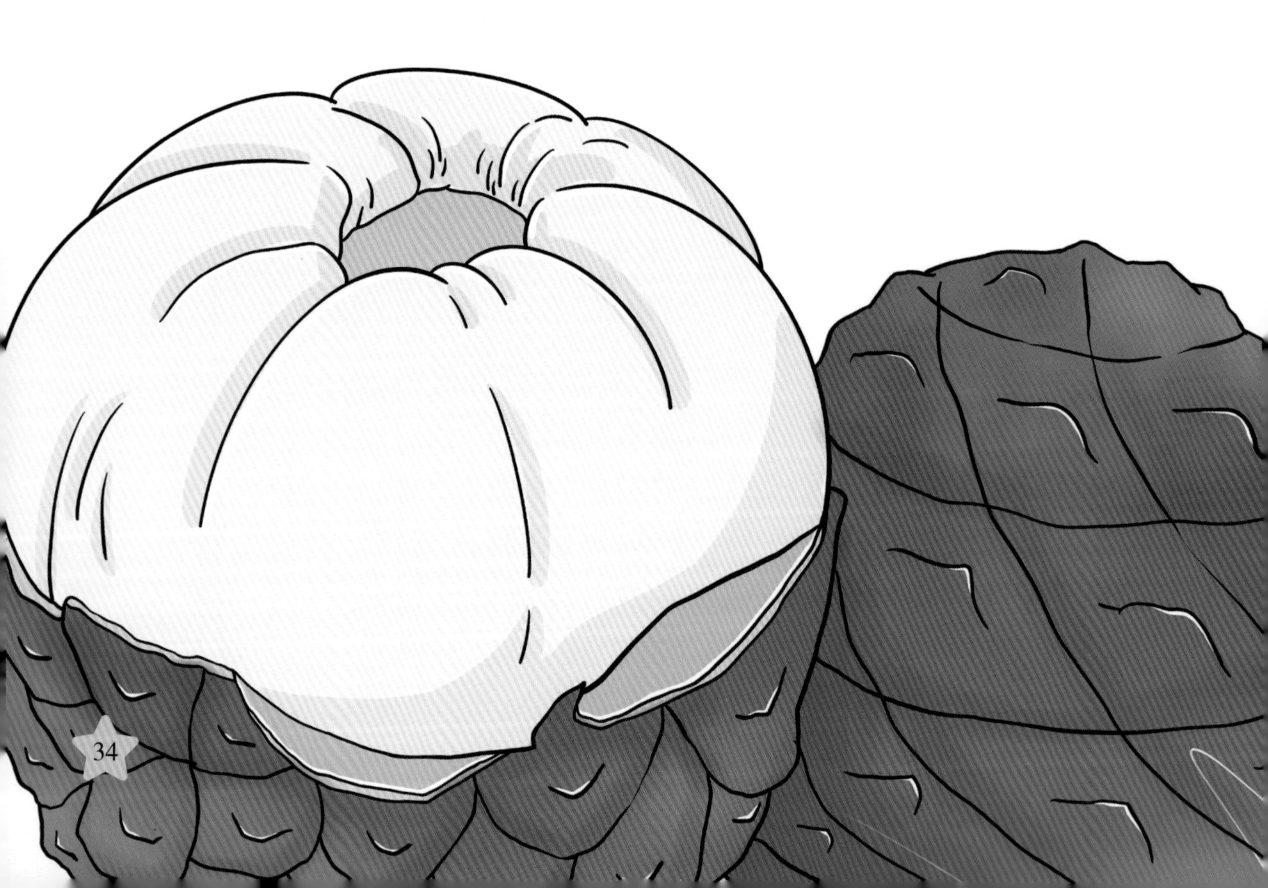

南国的果中之王

荔枝果皮有鳞斑状突起，长得像小号的鸡蛋，通常长 2.0~3.5 厘米，成熟时表皮为暗红色或紫红色，果肉呈半透明凝脂状，味道香甜。荔枝与香蕉、菠萝、龙眼一同号称“南国四大果品”。荔枝不易储存，对保鲜的要求相当高，所以一般采用低温运输。

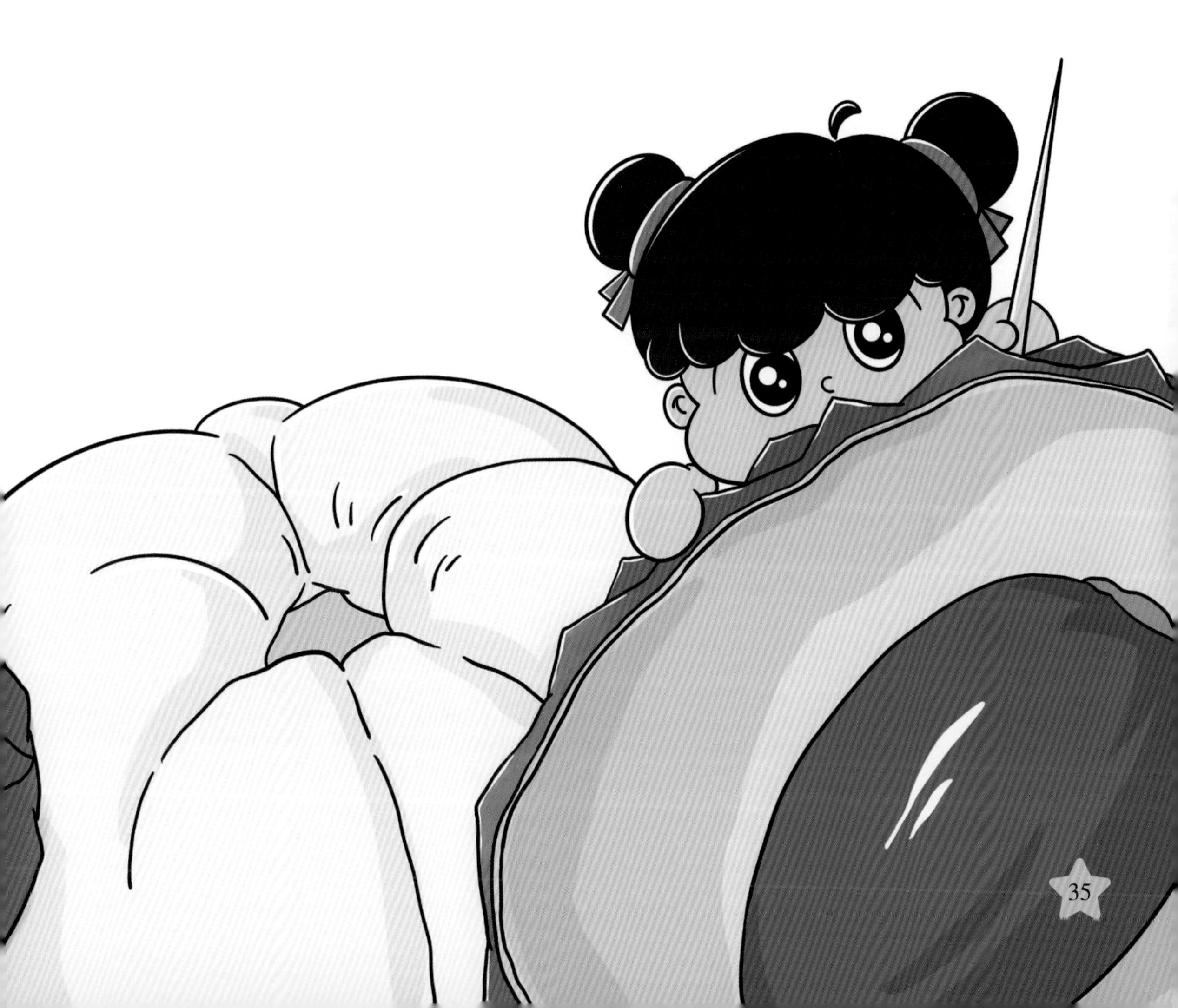

桑葚 药食同源的水果

桑葚是常食水果

桑葚，又名桑果，是桑科植物桑树的成熟果实。桑葚大多为紫红色或紫黑色，椭圆形，长 1.0~2.5 厘米。成熟的桑葚酸甜适口，以个大、肉厚、色紫红、糖分足者为佳。桑葚味甜汁多，是人们常食的水果之一。每年 4~6 月是桑葚果实成熟的时期，可采摘下来直接吃，或者去除杂质，晒干或略蒸后食用，也可用来泡酒。

青色的桑葚是苦涩的，难以下咽，只有等它长大，变成紫红色、紫黑色，才是最美味的果实。

药食同源的桑葚

经鉴定，桑葚鲜果中含有大量游离酸和多种氨基酸，氨基酸含量比核果类高4.0~6.5倍，还含有锌、铁、钙、锰等矿物质和微量元素，以及胡萝卜素、果糖、葡萄糖、果胶、纤维素等，因而和沙棘、悬钩子等一起被誉为“第三代水果”。被国家卫生健康委与国家市场监管总局列入“既是食品又是药品”的《药食同源名单》。

龙眼

华南珍果

龙眼为中国南方水果，被誉为华南珍果，多产于两广地区。

龙眼的作用

龙眼内含有很丰富的维生素和微量元素，能够起到滋养补益的作用。龙眼多用于改善因过度疲劳、气血亏虚而引起的体乏无力、神经衰弱，以及改善失眠状态。龙眼还可以促进血液循环，改善虚冷体质，增加脑细胞的活力，促进儿童大脑发育。

龙眼树的形态

龙眼树树冠呈圆形，树干灰褐色，树皮裂纹明显，较粗大，剥落较明显。叶子为淡绿色，长椭圆形，叶缘波浪状明显。龙眼树的花是白色的，初秋结球形果实。

猕猴桃 毛茸茸的水果

猕猴桃含有丰富的营养素，味道甜，也可入药。

猕猴桃果肉的颜色

猕猴桃果肉有绿色、黄色和红色的，这些颜色是由叶绿素、类胡萝卜素和花青素共同决定的。大部分水果在还没成熟之前都是绿色的，这是因为果实在未成熟之前叶绿素是最优势的色素，随着果实的成熟，叶绿素不断减少，此时就展现出成熟果实的多种颜色了。

为什么叫猕猴桃

猕猴桃又名奇异果，英文名为kiwi fruit，其实就是粤语翻译过来的奇异果的意思。很多人以为它是新西兰特产，其实它的祖籍是中国，1个世纪前才引入新西兰。猕猴桃原产于中国的古老野生藤本果树。因猕猴喜食，故名猕猴桃，也有说法是因为果皮覆毛，貌似猕猴而得名。猕猴桃果形一般为椭圆状，早期外观呈绿褐色，成熟后呈红褐色，表皮覆盖浓密茸毛，其内是呈亮绿色或黄色的果肉和一排黑色或者红色的籽。

菠萝是常见的热带水果，口味酸甜，是南国四大水果之一。

菠萝身上为什么有刺

我们在吃菠萝之前，总会对它满身的“铠甲”无可奈何，因为菠萝皮上有很多的刺，吃的时候，我们需要先把刺剔除，才能吃到菠萝肉。小朋友们知道吗？菠萝身上有刺，其实完全是一种自救措施，这是为了避免还没有成熟就变成动物的美餐，因为很多动物都会对又香又甜的菠萝肉产生兴趣。

正确吃菠萝以保护嘴巴

菠萝虽好吃，但是多吃菠萝会出现舌头发麻的现象，尤其不成熟的菠萝会使发麻加重。因为菠萝内含有的刺激性物质对人体的口腔黏膜、嘴唇表皮有刺激作用。在吃菠萝前先用温盐水冲洗菠萝，并浸泡 10~20 分钟，可以溶解菠萝内的刺激性物质，就不会出现舌头发麻的现象了。

榴莲 又香又臭的水果之王

榴莲是一种热带水果，平均温度在 22℃以上才能种植。

水果之王

榴莲果实大小如足球，果皮坚硬，长着密密的三角形的硬刺，果肉有黄色的和白色的，非常黏，且多汁，甜丝丝的，有“水果之王”的美称。榴莲可增强我们身体的免疫力、开胃、疏风清热。

榴莲有多臭就有多香

2017 年有研究人员首次完成了榴莲的全基因组测序，终于揭开了榴莲气味的秘密。原来，榴莲的气味包含了臭鸡蛋味、臭鼬味、金属味、橡胶味、腐烂洋葱味、香草味、奶油味等 50 多种气味，通常被归为两类——臭和香。臭味主要是挥发性含硫化合物（臭鸡蛋味），在洋葱、大蒜、韭菜等气味特别的植物中也能看到它的身影，而且挥发性极强，相隔数十米也能轻易闻到。而果皮中丰富的脂类物质则是香味的主要来源，能使榴莲散发出水果香。

菠萝蜜

热带水果皇后

世界上最重的水果

要说世界上最重的水果，那非菠萝蜜莫属。菠萝蜜一般重达 5~20 千克，最重的超过 59 千克。菠萝蜜的食用方法很简单，切开果皮，剥出果肉，如果把果肉放到冰箱冷藏一段时间再吃，味道更香甜。果仁不要丢，煮一煮剥皮也可以吃，口感绵软。

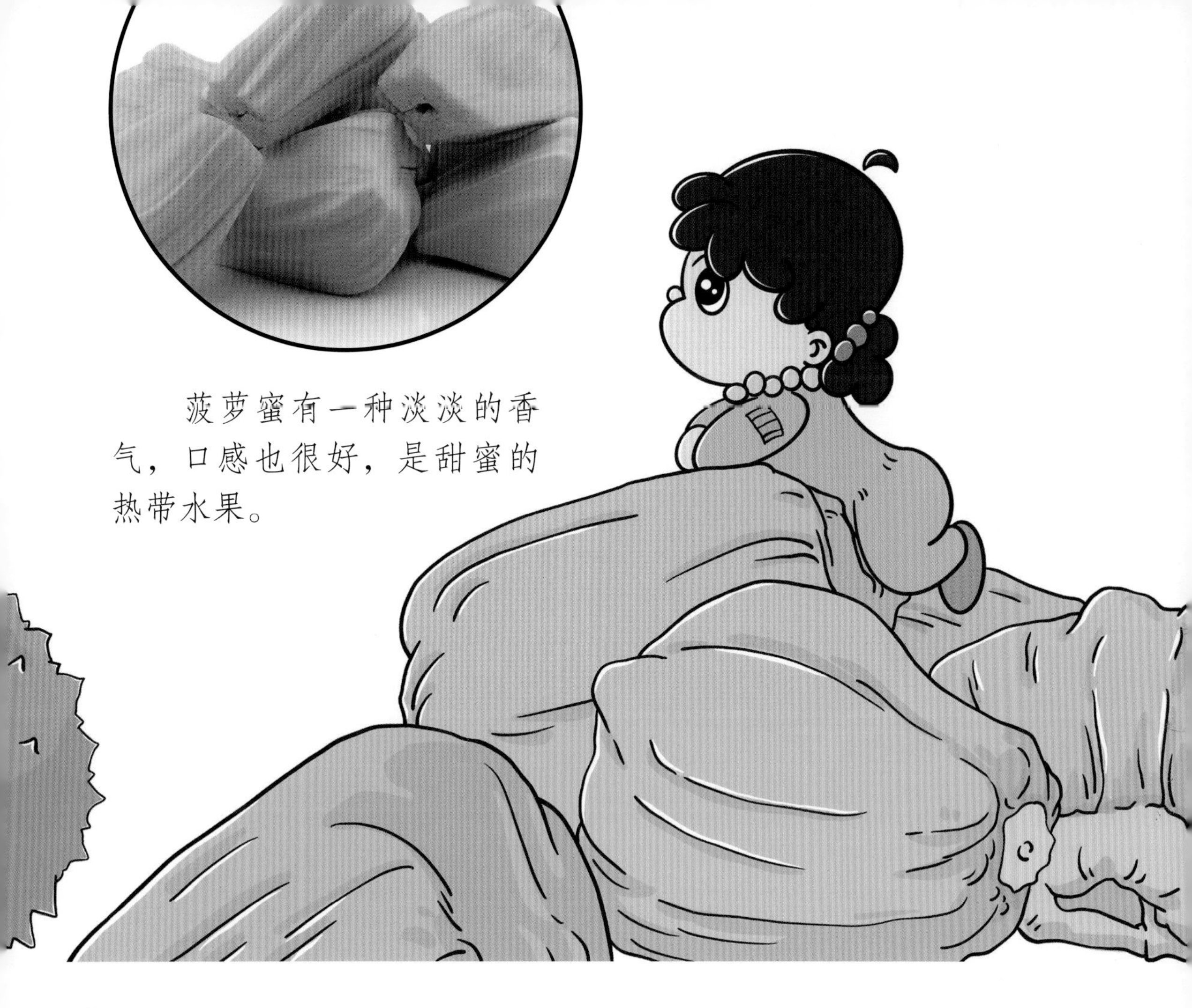

菠萝蜜有一种淡淡的香气，口感也很好，是甜蜜的热带水果。

菠萝蜜的外形

菠萝蜜果皮很厚，上面长着很多六角形的瘤状物，果皮呈绿色并夹杂着黄色，一般需要用锋利的刀才能将其切开，而当中的果肉是纯黄色的，具有很高的营养价值，果核是椭圆形的。新鲜的菠萝蜜果肉色泽金黄发亮，气味香甜，口感柔滑清爽，品尝过后，带着些热带风味的气息经久不散，让人回味无穷。

樱桃

天然维生素 C 之王

樱桃是蔷薇科樱属落叶灌木或小乔木，是世界公认的“天然维生素C之王”和“生命之果”。

生命之果

樱桃树上结满了果实，开始是青的，渐渐地变成淡红色、深红色，就像一张张小红脸蛋，嫩嫩的，一碰就破，非常惹人喜爱，吃起来甜中带酸。樱桃除了鲜食外，还可以加工成樱桃酱、樱桃汁、樱桃罐头和果脯、露酒等。

吃樱桃中毒的说法不科学

樱桃含有一种叫作氰苷的物质，它本身并没有毒，但氰苷在酶和酸的作用下会释放出氢氰酸，这种物质具有毒性。常见的氢氰酸中毒症状有口腔苦涩、头晕、头痛、恶心、呕吐等，严重者会意识不清、呼吸微弱、昏迷等。樱桃核中含有的氰苷成分，可转化成有毒物的含量实在太低，普通成年人要达到中毒的剂量，起码需要吃上四五斤（1 斤 =500 克）樱桃核，但是谁会去吃樱桃核呢？

李子 夏日之果

李子饱满圆润，玲珑剔透，形态美丽，口味甘甜，是人们喜欢的水果。

小小李子作用大

李子是一种个头儿比较小的水果。李子中含有多种营养成分，有美容养颜、润滑肌肤的作用。李子中抗氧化剂含量高得惊人，堪称是抗衰老、防疾病的“超级水果”。常见的李子有绿色、红色、紫红色的，口感酸甜清脆，在每年的春末夏初比较多见。李子的食用价值很高，可以直接食用或者是做成果脯。

属于夏天的味道

李子味道甜而酸，而酸味更为突出，因其味酸，所以有促进胃酸和胃消化酶分泌的功能。夏天天气炎热，常常使人食欲大减，而李子正好可以帮助这一类人，日常吃两三个新鲜的李子，可以改善食欲，促进肠胃蠕动，更能改善胃胀、便秘等一系列问题，而且不管什么年龄段的人都可以吃。

火龙果

红红火火吉祥果

火龙果流传到中国以后，人们觉得它表面的鳞片像是龙的外鳞，而又呈现出火红火红的颜色，所以就叫它火龙果了。

火龙果家族

火龙果有多个品种，根据果肉颜色的不同分为红、白、黄三种，其中红色果肉的火龙果叫作“红龙果”；白色果肉的火龙果叫作“玉龙果”；黄色果肉的火龙果叫作“黄龙果”。

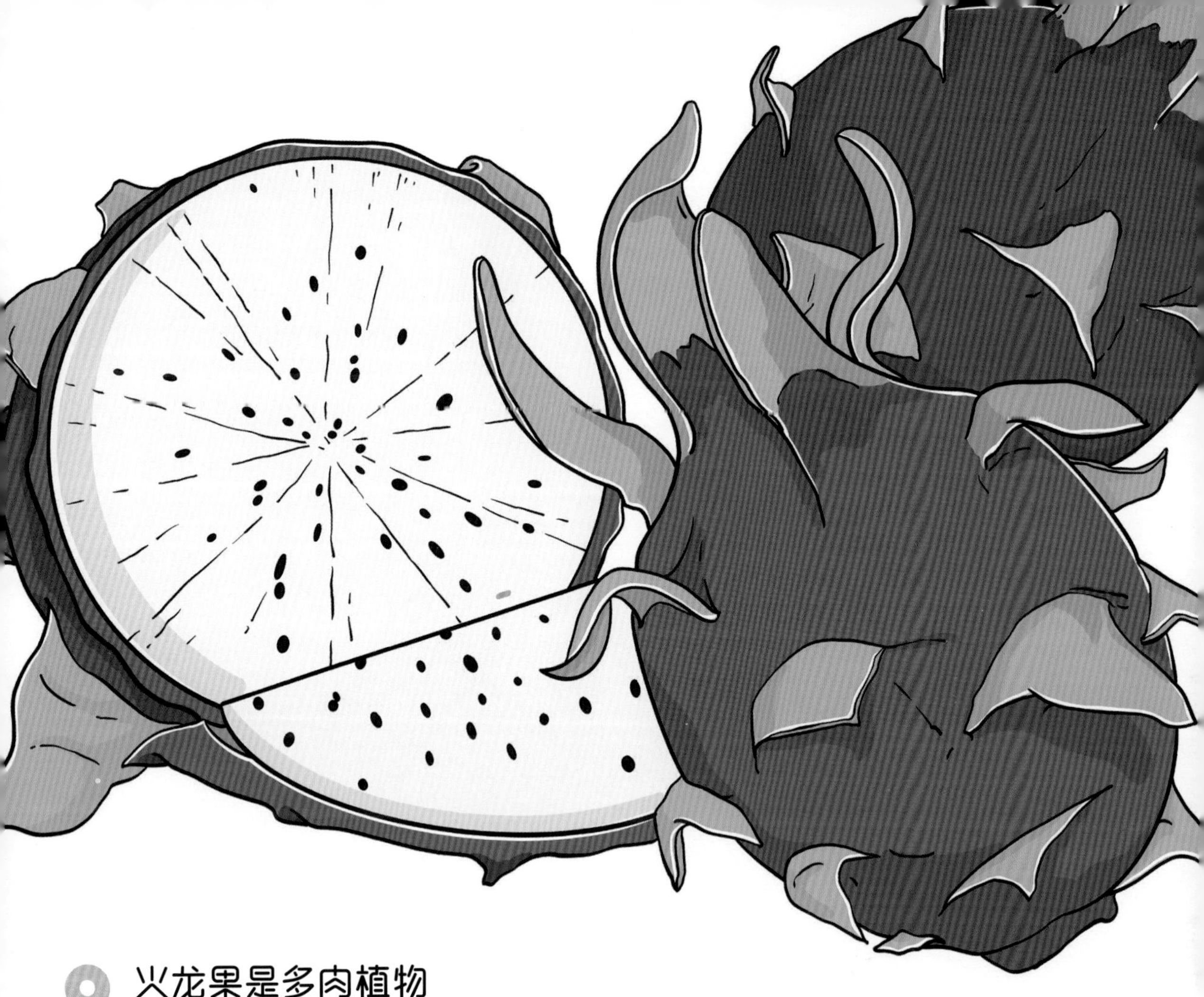

火龙果是多肉植物

火龙果又称“吉祥果”，因为火龙果开花的时候，花朵赏心悦目，香气沁人心脾，让人看了觉得很是吉祥，因此而得名。想不到吧，火龙果是多肉植物，和仙人掌一样呢。由于长期生长于热带沙漠地区，火龙果的叶片已经退化，光合作用的功能由茎干承担。茎的内部是大量饱含黏稠液体的薄壁细胞，有利于在雨季吸收尽可能多的水分。

杧果

夏日甜品界的王者

杧果为著名热带水果之一，含有丰富的营养素，既可鲜食，也可做成果汁、果酱、罐头、蜜饯等。

甜品界的王者

炎炎夏日，怎么能少得了杧果的存在。杧果是甜品界的王者。杧果做的甜品老少皆宜、营养丰富、香甜可口、色香味俱全。而且杧果肉颜色金黄金黄的，在甜品点心中装饰性很强。小朋友们吃完杧果后，最好用清水将黏附在皮肤上的杧果汁液清洗干净，防止过敏。

绿化杧可看可赏不可吃

在广东，很多城市的路边、校园、公园里也都栽有杧果树，叫作“绿化杧”，但这种杧果不能轻易食用啊！其实，从名字也不难看出，人家就是为了绿化而生的，不是为了食用而栽种的。

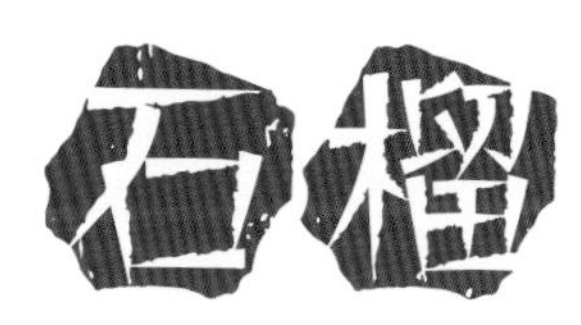

红宝石一样的果实

立秋之后就可以吃到新鲜的石榴了，颗颗晶莹饱满的石榴像红宝石一样，好看又好吃。

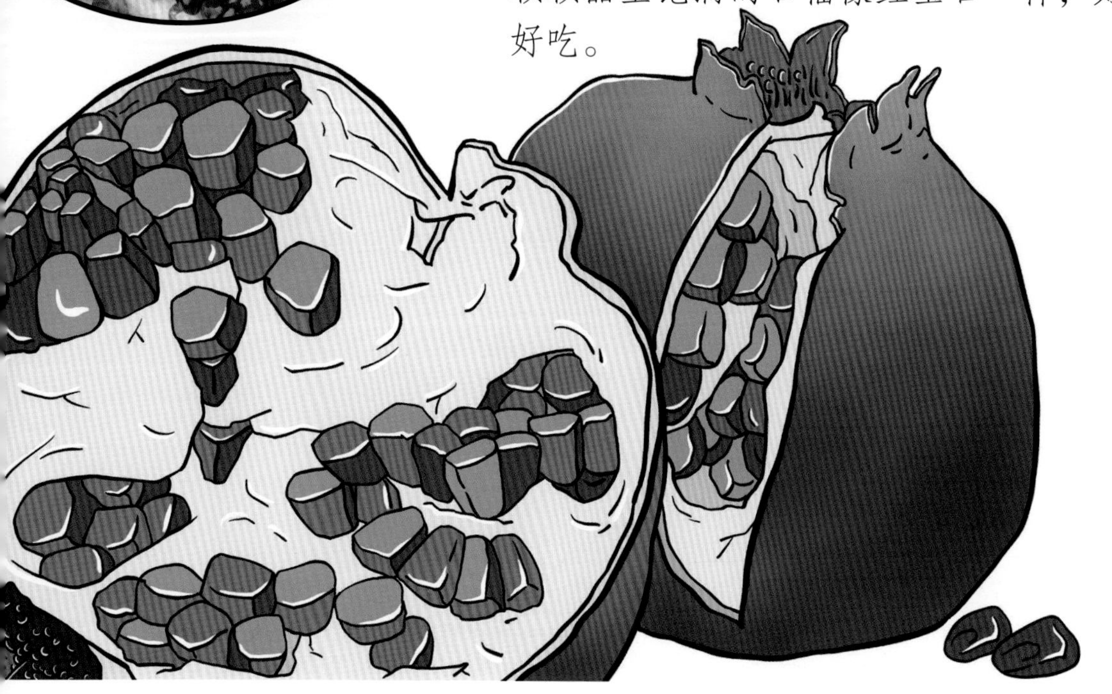

石榴的妙用

石榴是一种浆果，果粒酸甜可口多汁，营养价值高，能够补充人体所缺失的营养成分。石榴既可观赏，又可食用。石榴花开于初夏，绿荫之中，燃起一片火红，绚丽之极。赏过了花，再过两三个月，红红的果实又挂满了枝头，灿烂无比。

石榴的文化

中国传统文化视石榴为吉祥物，视它为多子多福的象征。石榴花象征着成熟的美丽、富贵和子孙满堂。石榴花是中国新乡市、西安市、枣庄市和黄石市的市花，而且还是西班牙的国花。

人参果

跟人参毫无关系

人参果成熟时果皮呈金黄色，果肉味道独特，是一种很受欢迎的水果。

人参果的由来

为什么叫人参果呢？这是由于它的形状与人体心脏形状相似，果皮颜色与人体皮肤颜色相似，且营养丰富，所以起名人参果。人参果有淡雅的清香，果肉清爽多汁，具有高蛋白、低糖、低脂的特点，还富含维生素C以及多种人体所必需的微量元素，具有一定的药用价值。食用人参果可以很好地预防肿瘤、软化血管，还可以增强人体免疫力，促进人体对营养的吸收。

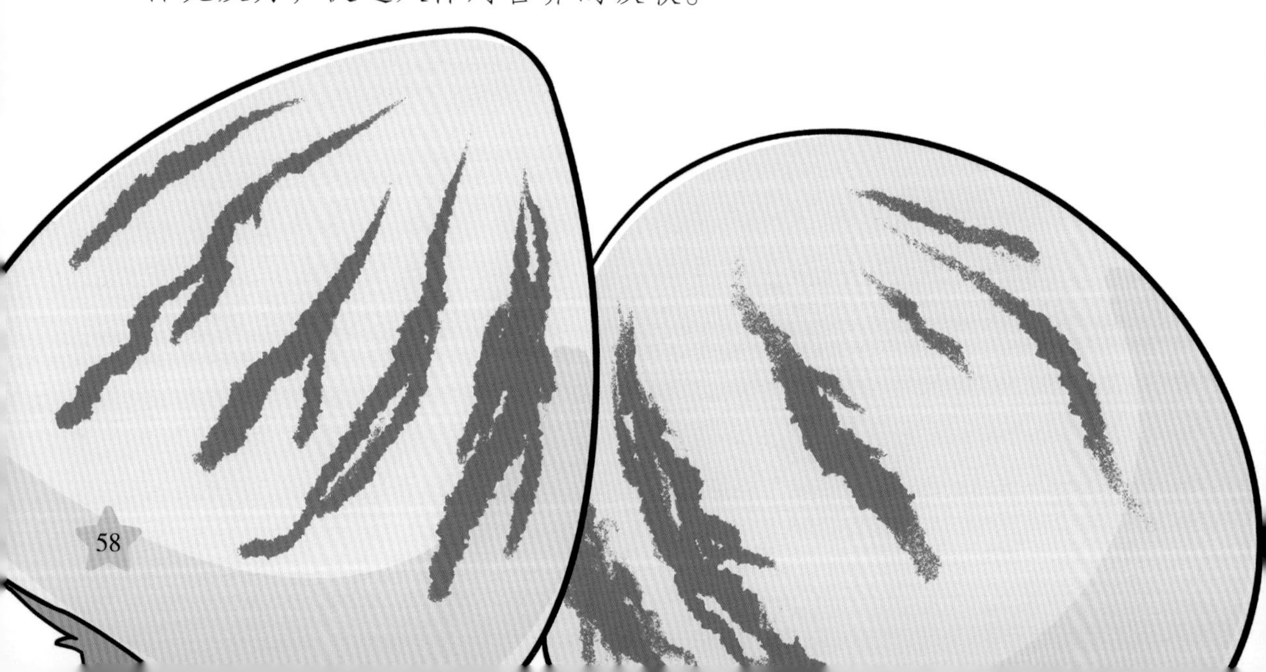

人参果的习性

人参果性喜温热而不耐高温，喜阳光充足，原产于南美州安第斯山北麓，在我国主要分布于青海、甘肃、四川等地。人参果还能加工成罐头、果酱、果汁、饮料及口服液。

杏 农家的摇钱树

杏是深受人们喜欢的水果，含有丰富的营养元素。

杏树全身是宝

杏树全身是宝，是农家的摇钱树。杏子一般呈圆形，果皮为红黄色，果肉约半厘米厚，可鲜食，也可制成杏脯、杏酱等。杏仁主要用来榨油，也可制成食品，还有药用价值，有止咳、润肠之功效。杏仁是我国传统的出口商品。杏木质地坚硬，是做家具的好材料。杏树枝条可做燃料。杏叶可做饲料。

杏树耐寒寿命长

杏树属于蔷薇科落叶乔木，一般高 5~7 米，树冠多呈圆形，枝条较密；叶片呈卵形、阔卵形，叶片边缘有细钝的锯齿，叶背上稍有毛或无毛。杏树适应性很强，通常五年即进入盛果期。它的寿命一般为 40~100 年，有“长寿树”之称。成年的杏树皮比较厚，而且根系发达，入土很深，大约和树高相当，因此可耐零下二三十摄氏度的严寒。

无花果 花果一体的水果

无花果既可鲜食，也可制成果干、果酱、蜜饯等，它的营养价值和药用价值都非常高。

无花果有花

无花果并不是没有花，它的花长在果子的内部，称为“隐头花序”，不剥开果实是看不到花的，这是榕属植物在桑科中与其他属最大的差别。无花果是荨麻目桑科榕属下的一种落叶小乔木，主要生长于温带或热带地区。

花果一体的特色

无花果不仅有花，而且花还不止一朵。植物学家研究后发现，我们日常采集到的无花果可食用部分，其实并非是这种植物真正的果实，而是它的花托膨大变态而形成的肉球，无花果的花和果实都藏在这个肉球里。把成熟的无花果对半撕开，内部充满了鲜红泛白的丝状“果肉”。其实这些“丝”是它的花蕊，而中部聚集的籽才是它真正的果实。所以，从表面上看，无花果没有开花就结果了。

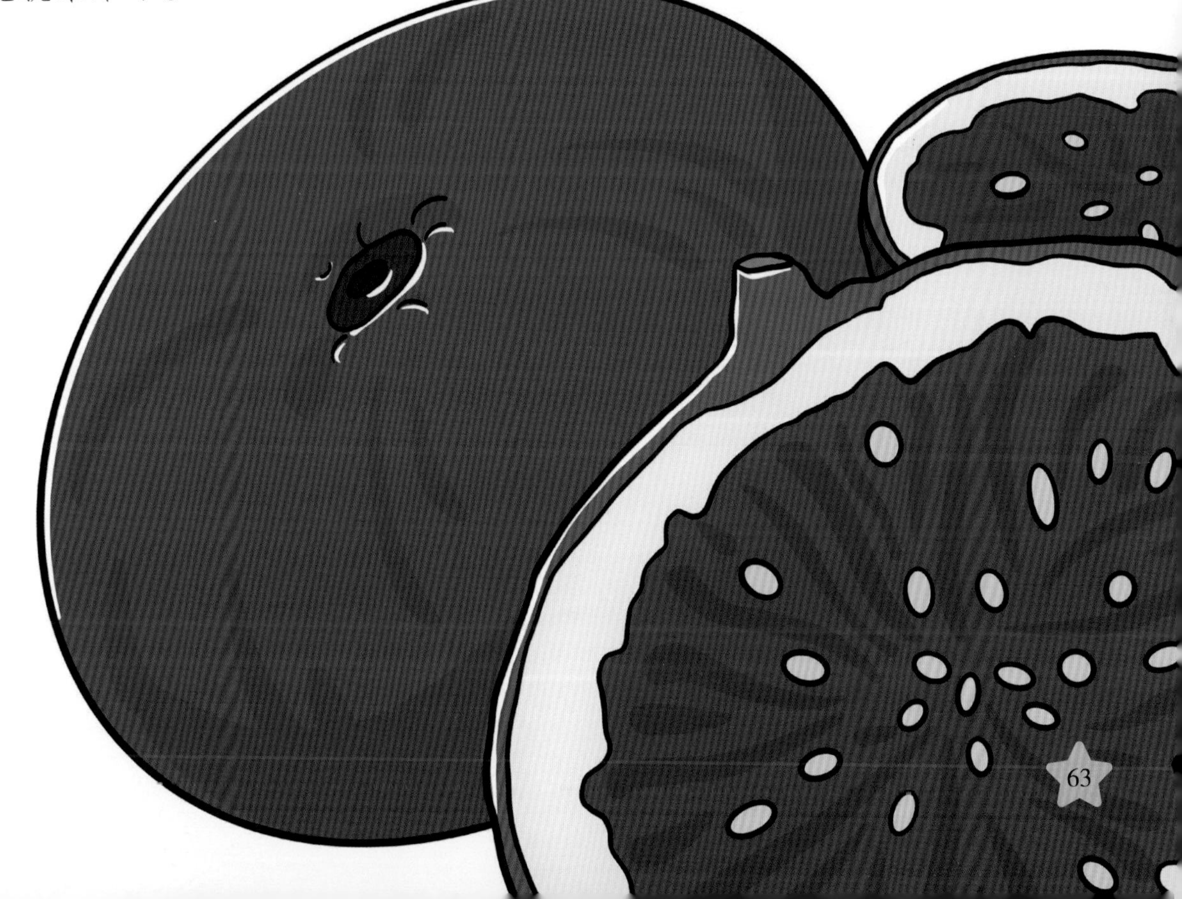

木瓜 百益之果

木瓜，是一种外皮轻薄橘黄，散发着阵阵甜香的热带水果。

木瓜最好吃的季节

木瓜甜美可口、营养丰富，富含17种以上氨基酸及钙、铁等，还含有木瓜蛋白酶、番木瓜碱等，有“百益之果”“万寿瓜”之雅称。每年的9~10月，是木瓜糖分沉淀最为浓烈的时候，这时候的木瓜吃起来最为绵软清甜，让人欲罢不能。

木瓜树有什么特点

木瓜树都长得很粗壮，没有枝条，只有一根直直的树干。从树干上伸出一条条长长的叶柄，再长出椭圆形的叶子，且带有倒刺，看起来很锋利。绿油油的叶子分成六瓣，有荷叶那么大。树干上挂着不少木瓜，木瓜挤挤挨挨的，大的有哈密瓜那么大，小的像一个个雪梨，刚结成果实的则像一个个小指头。木瓜花是白色的，像一个个小喇叭。

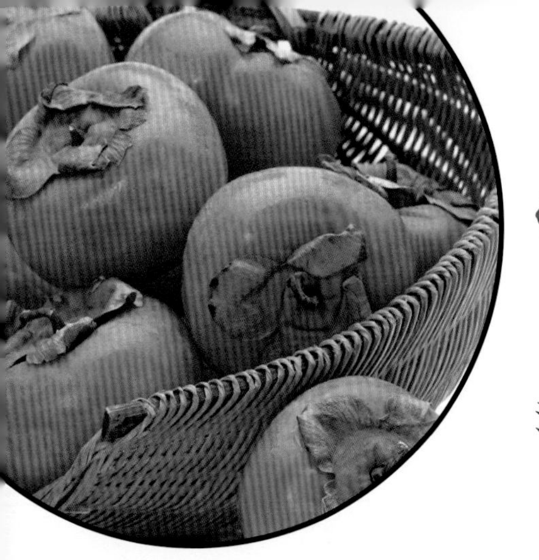

柿子 果中圣品

柿子颜色多样，口感绵甜，深得人们的喜爱。

柿子皮不能吃太多

小朋友吃柿子不能吃太多，吃的时候最好不吃皮，因为柿子中的鞣酸绝大多数集中在皮中。在柿子脱涩时，不可能将其中的鞣酸全部脱尽，如果连皮一起吃很容易形成胃柿石。

柿子是什么样的水果

柿子的品种不同，颜色也会有差异。一般柿子的颜色从浅橘色至深橘色不等。柿子果实有球形、扁球形等，直径为3.5~8.5厘米，果肉较脆硬，成熟时果肉会变得柔软多汁。柿子营养丰富，被誉为“果中圣品”。

枇杷 止咳良品

枇杷被称为“果之冠”，可促进食欲、帮助消化。

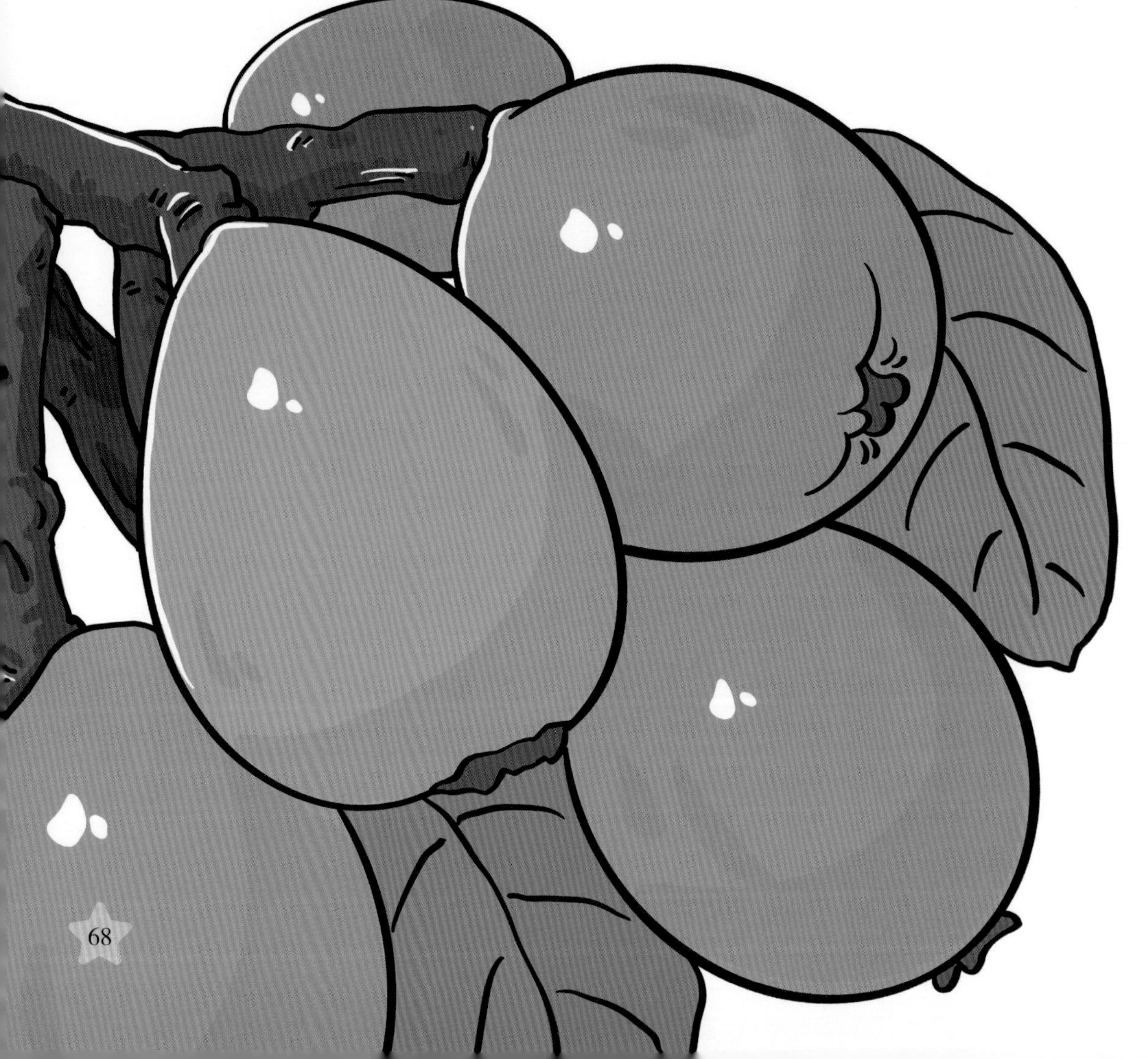

枇杷的生长贯穿四季

枇杷与大部分果树不同，它在秋天或初冬开花，果子在春天至初夏成熟，比其他水果都早。枇杷的花为白色或淡黄色，有5片花瓣，直径约2 厘米，以5~10朵成一束。成熟的枇杷也成束挂在树上，每个果子长3~5厘米，呈圆形、椭圆形，或长状“琵琶形”。

枇杷的特色

枇杷表面光滑，外皮一般为淡黄色，少数有颜色较深、接近橙红色的。果肉软而多汁，有白色及橙色两种，称“白沙”及“红沙”。其中白沙甜，红沙比较酸。枇杷中所含的有机酸能刺激消化液的分泌，对增进食欲、帮助消化吸收、止渴解暑有相当的作用；枇杷中含有的苦杏仁苷，能润肺止咳、祛痰，治疗各种咳嗽。

哈密瓜的作用

哈密瓜有“瓜中之王”的美称，它含糖量高，形态各异，风味独特，有的带奶油味，有的含柠檬香，但都味甘如蜜，奇香袭人。哈密瓜作为葫芦科黄瓜属下辖的甜瓜种类，它也属于匍匐或攀援草本。哈密瓜的形状和颜色会因为品种的不同而略有差异，球形、椭球形及纺锤形均有。大部分的哈密瓜外皮都有纵横交错的粗糙网纹，因此它也被叫作“网格瓜”。

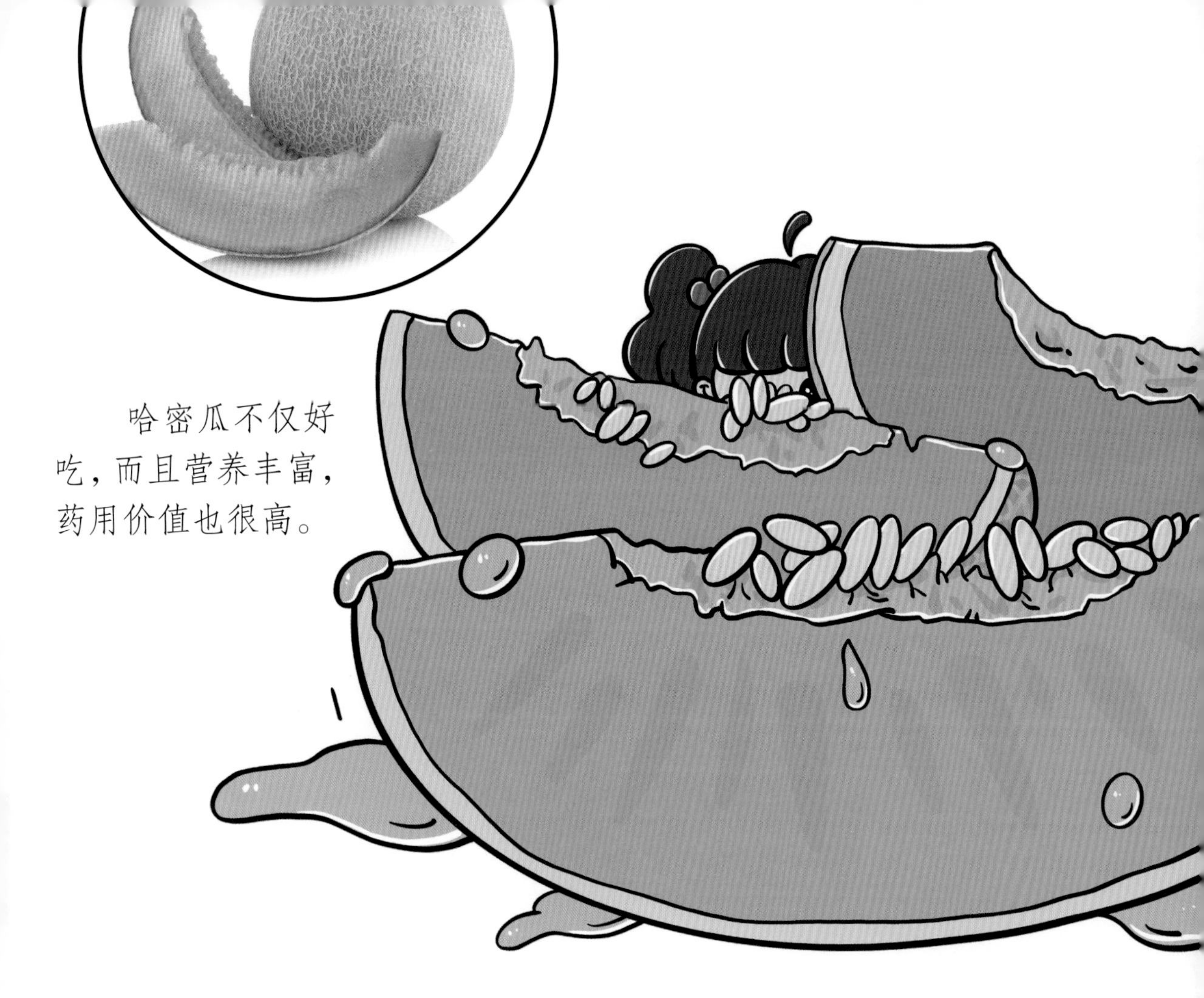

哈密瓜不仅好吃，而且营养丰富，药用价值也很高。

哈密瓜名字的由来

“哈密瓜”是康熙为这种甜蜜的瓜起的名字，在此之前，它一直被叫作“甜瓜”。当时的哈密王将其作为送给大清的贡品带到了中原，因此也叫“贡瓜”。据记载，康熙尝了一口这散发着奇香的果肉，大为欢喜，高兴之余就以“哈密”为其命名，以纪念滋养它生长的风水宝地。“哈密瓜”这个名字也从此流传开来。

杨梅

好吃又营养的水果

端午节过后，杨梅树上挂满了杨梅，咬一口，甜中带酸、生津解渴，让人回味无穷。

杨梅树有观赏价值

杨梅属于木兰纲杨梅科杨梅属的常绿乔木，它的树干非常高大，可以长到15米以上，胸径要一个人才能抱得住。杨梅树枝繁叶茂，树冠很宽广，又四季常青，因此也是一种非常不错的观赏树木。

杨梅好吃又有营养

虽然杨梅的种类众多，但是绝大多数都是红色的，有鲜红色的、紫红色的，还有些红到发黑。杨梅圆圆的，和桂圆一样大小。杨梅没有果皮，可直接食用它的果肉，里面有一个小小的果核。但是它的口感和营养自古以来就令人称赞，一簇一簇的果肉紧密排列在一起，吃起来非常细腻，这是和其他水果都不相同的地方。

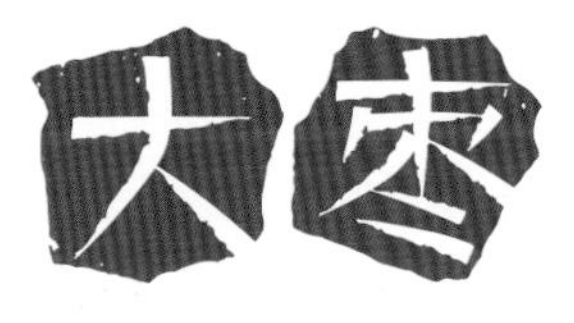

天然维生素丸

大枣是一种营养佳品，可食用也可入药。

大枣的作用

大枣是属李科枣属植物，成熟后变为红色，常用来晒干制成枣干。它的维生素含量非常高，有“天然维生素丸”的美誉，具有滋阴补阳的功效。大枣作为滋补佳品，素有“日食三枣，长生不老”之说。枣仁和根均可入药，枣仁可以安神，为重要药品之一。

大枣为什么是红色的

大枣变红是因为大枣表皮中含有叶青素和花青素，经晒后大枣中的糖分增加，促使叶青素和花青素转变为叶红素，大枣就变红了。

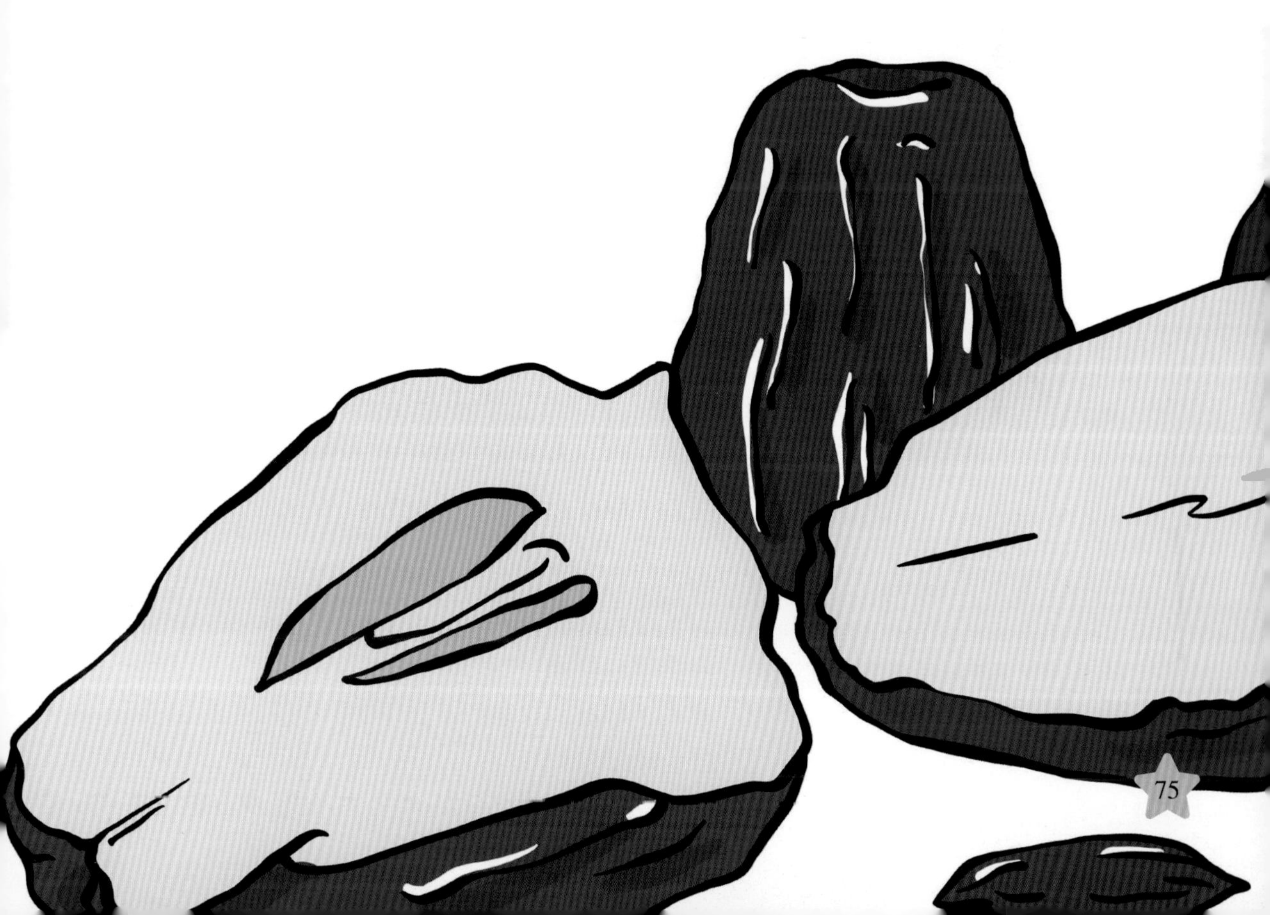

图书在版编目（C I P）数据

水果王国 / 吴昊编著 . -- 哈尔滨 : 黑龙江科学技术出版社 , 2022.1
（植物图鉴）
ISBN 978-7-5719-1193-5

Ⅰ . ①水… Ⅱ . ①吴… Ⅲ . ①水果 – 儿童读物 Ⅳ . ① S66-49

中国版本图书馆 CIP 数据核字 (2021) 第 234200 号

水果王国
SHUIGUO WANGGUO

作　　者　吴　昊
策划编辑
封面设计　深圳 · 弘艺文化 HONGYI CULTURE
责任编辑　徐　洋
出　　版　黑龙江科学技术出版社
地　　址　哈尔滨市南岗区公安街 70-2 号
邮　　编　150007
电　　话　（0451）53642106
传　　真　（0451）53642143
网　　址　www.lkcbs.cn
发　　行　全国新华书店
印　　刷　哈尔滨市石桥印务有限公司
开　　本　1/24
印　　张　15 5/6（全 5 册）
字　　数　100 千字（全 5 册）
版　　次　2022 年 1 月第 1 版
印　　次　2022 年 1 月第 1 次印刷
书　　号　ISBN 978-7-5719-1193-5
定　　价　99.00 元（全 5 册）

花儿小铺

吴昊　编著

黑龙江科学技术出版社
HEILONGJIANG SCIENCE AND TECHNOLOGY PRESS

前言

花儿是人们生活中很重要的观赏植物。花儿有不同的颜色，长得也各式各样，而且，有的有浓浓的香味，有的却一点儿气味也没有。无论何时何地，美丽的花儿总是让人赏心悦目，相信没有人会不喜欢。

春天的樱花花团锦簇 ，夏天的荷花楚楚动人，秋天的菊花凌霜绽放，冬天的寒梅傲雪独立。一年四季，春夏秋冬。每个季节都有不同的花儿绽放，为生活增添色彩。

在中国传统文化中，美丽的花儿总是被赋予很多重要的意义。

比如，“梅、兰、竹、菊”四君子，以花拟人，梅花顽强，兰花典雅，菊花高洁，都象征着品格高尚的君子。

那么，你知道中国十大名花都有哪些吗?

梅花为什么被称作花中魁首呢?

兰花为什么也叫君子之花呢?

薰衣草明明叫草，被称为“百草之王”，为什么却是花儿呢?

昙花那么美，为什么开的时间那么短暂?

紫罗兰到底是不是兰草呢?

…………

带着这些问题，翻开这本书，兴许就会看到你想要的答案哪!

目录

梅花——花中之魁 6
牡丹花——花中之王 8
菊花——凌霜绽妍 10
兰花——君子之花 12
月季花——花中皇后 14
杜鹃花——繁花似锦 16
茶花——花中娇客 18
荷花——水中芙蓉 20
桂花——十里飘香 22
水仙花——凌波仙子 24
芍药花——花中宰相 26
向日葵——太阳的迷妹 28
百合花——云裳仙子 30
郁金香——百变之花 32
风信子——芳香袭人 34
薰衣草——百草之王 36
马蹄莲——美却有毒的植物 38
昙花——刹那间的美丽 40

CONTENTS

康乃馨——母亲节之花 42
木槿花——朝开暮落花 44
茉莉——美丽而精致........................ 46
睡莲——花中睡美人........................ 48
栀子花——纯洁无瑕的花朵........................ 50
牵牛花——不起眼的喇叭花........................ 52
满天星——花像星星一样多........................ 54
海棠花——花中神仙........................ 56
曼陀罗——可远观不可触摸........................ 58
紫罗兰——浪漫神秘之花........................ 60
仙人掌——沙漠英雄花 62
木棉花——英雄之花........................ 64
玉兰花——实力与颜值并存........................ 66
丁香——花国君子 68
桔梗花——花中君子........................ 70
紫薇——夏日满堂红........................ 72
香雪兰——如雪如兰........................ 74

梅花为什么是花中魁首？

梅花与兰花、竹子、菊花一起被列为“四君子”，与松、竹并称为“岁寒三友”。梅花之所以为花中之魁，是因为它盛开于寒冷的冬天，拥有高洁、坚强、不屈不挠的品质，有顽强奋斗的精神以及不畏艰难的气节。梅树的寿命普遍很长，能活三五百年甚至上千年。

漂亮的外形

梅属于一种小乔木，可以长到 10 米高。冬春两个季节时，梅树上会开出美丽的花朵，就是梅花。梅花多为白色、红色或粉色。在花期过后，梅树上会长出椭圆形的小叶子，叶边还有很多整齐的锯齿。到了每年的 5~6 月，梅树上会结出果实。梅树的生命力非常顽强，这种树即使被砍断也能再次冒出翠绿的新芽，长出枝条。

牡丹花 花中之王

牡丹花色泽艳丽、富丽堂皇，素有“花中之王”的美誉。

牡丹为什么是花中之王?

牡丹属于中国十大名花之一，被当作中国的国花，还是中国洛阳、菏泽、铜陵、宁国、牡丹江的市花。牡丹品种繁多，颜色也非常多，最常见的是白色、粉色、紫色，而以黄色、绿色、肉红色、深红色、银红色为上品，尤其以黄色、绿色的牡丹最为珍贵。

牡丹的生长环境

牡丹是芍药科、芍药属植物，为多年生落叶灌木，是我国非常重要的观赏植物。牡丹花又大又香，因此也被称为“国色天香”。牡丹适合生长在温暖、干燥、阳光充足的环境中，也能耐受零下 30℃的低温，一般在 5 月前后开花。

菊花造型多样

菊花是中国的十大名花之一，也是花中四君子（梅、兰、竹、菊）之一。菊花品种特别多，生命力顽强，颜色也很多，比较常见的有红、黄、绿、白等颜色，少数的有紫、粉、墨等颜色，还有白粉、紫粉、白绿等多种混色。一株菊花经多次摘心可以分生出上千个花蕾，有些品种的枝条柔软且多，便于制作各种造型。

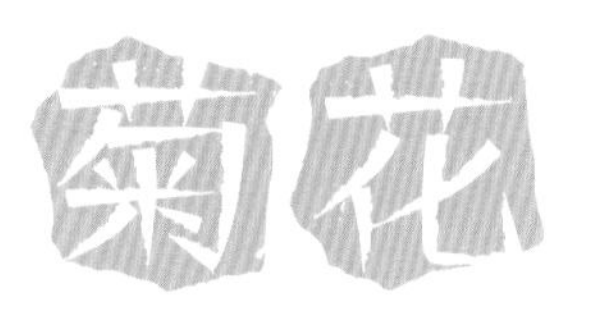

凌霜绽妍

在中国传统文化中，菊花经历风霜，有顽强的生命力，象征高雅、纯洁、凌霜傲雪的品格。

重阳节与菊花

中国人有重阳节赏菊和饮菊花酒的习俗。唐·孟浩然《过故人庄》中就写道:“待到重阳日,还来就菊花。”因菊花具有凌霜傲雪的品格,才有陶渊明“采菊东篱下,悠然见南山”的名句。菊花也由此得了“花中隐士”的封号。在日本，菊花还是皇室的象征呢！

兰花 君子之花

兰花的香气，清而不浊，一盆在室，芳香四溢。

君子如兰

“君子”在我们国家一直都是指有学问、有才华，品德高尚的人。中国栽培兰花有两千多年的历史，人们历来把兰花看作高洁典雅的象征，并与“梅、竹、菊”并列，合称为“四君子”，是中国十大名花之一。通常以“兰章”比喻诗文之美，以“兰交”比喻友谊之真，也借兰花来表达纯洁的爱情。

兰花的外形特征

兰花是一种兰科植物，广泛分布于中国各地。兰花的茎是假鳞茎，形状多是卵球形、椭圆形和梭形。兰花有很多叶子，从假鳞茎的基部生长出来，一般是带状，也有一些是倒披针形和椭圆形。兰花的花朵繁多，颜色多样，花色多淡雅，其中以白绿、嫩绿、黄绿的居多。

月季花 花中皇后

月季花，月月开花

一年四季都开花的植物有很多，月季花就是这样的一种花。月季花是常绿、半常绿低矮灌木，一般为红色、粉色、白色、黄色，可作为观赏植物，也可作为药用植物。现代月季花花型多样，有单瓣和重瓣，色彩丰富艳丽，多数品种还有芳香呢！月季的品种繁多，世界上已有近万种，多数都来自中国。

月季花的刺可以保护自己

虽然月季花美丽动人，但是要小心采摘，因为在月季的茎叶上都长有小刺。月季的粗壮小枝上没有细小的茸毛，但是长有又短又粗的钩状皮刺，并且在月季花的总叶柄上，也是长有散生的皮刺的，如果想要采摘月季，就要小心不要被刺伤。

月季花，中国十大名花之一，被称为“花中皇后”，又被称为“月月红”。

杜鹃花 繁花似锦

杜鹃花，中国十大名花之一，别称映山红、山石榴等。

热闹的杜鹃花

杜鹃花一般春季开花，枝繁叶茂，每簇花有 2~6 朵，花冠像个小漏斗，有红色、淡红色、杏红色、雪青色、白色等。杜鹃花绽放时特别热闹，漫山遍野，美丽极了。杜鹃花还是江西省、安徽省、贵州省的省花，将它定为市花的城市有十个以上。

杜鹃花和杜鹃鸟

相传远古时，蜀国国王杜宇很爱他的百姓，死后舍不得离开就化为子规鸟，人们也把它称为杜鹃鸟。每当春季，杜鹃鸟就飞来唤醒统治者们：“民贵呀！民贵呀！”嘴巴啼得流出了血，鲜血洒在地面上，染红了漫山的杜鹃花，这便是杜鹃花的由来。

茶花 花中娇客

茶花别名山茶、山茶花，是中国传统的观赏花卉，是中国十大名花之一。

茶花的特色

茶花喜欢生长在温暖、湿润的环境中。茶花花枝最高可以长到 4 米，花期很长，从 10 月到第二年的 5 月都有开放，开花最多的时候通常在 1~3 月。茶花的花瓣像个迷你的小碗，有单瓣的、重瓣的。单瓣的茶花大多是原始花种，重瓣茶花的花瓣可多达 60 片呢！茶花有不同程度的红色、紫色、白色、黄色花种，甚至还有带彩色斑纹的。

茶花不好养

很多人都很喜欢茶花，但是在所有盆栽花卉中,茶花是较难养的花。它的培育条件很苛刻,而且茶花的花朵与枝条是分离的,很容易掉花。所以,如果养不好就容易出现落叶、落苞、落花,有的甚至不长花苞，或者有的花苞不开花，甚至花开一半就死了。正因为茶花如此难养,所以,才被称为“花中娇客”。

水中芙蓉

荷花也是我国十大名花之一，荷花“出淤泥而不染”，是清白、高洁的象征，深受人们的喜爱。

出淤泥而不染

荷花，属睡莲科多年生水生草本花卉。荷花生长在淤泥中，它的地下茎很长而且肥厚，长得一节一节的。叶片大大的、圆圆的，有的浮在水面上，有的直直地伸出水面。荷花的花期一般在6~9月，开花时，朵朵荷花生于花梗顶端，花瓣很多。荷花有红色、粉红色、白色、紫色等多种颜色，有的花瓣边缘有彩色纹路，随风摇摆起来，非常漂亮，还有阵阵的花香。

荷花的生长环境

荷花种类很多，分观赏和食用两大类，原产于亚洲热带和温带地区，喜欢温暖潮湿的环境。荷花被称为“活化石”，是被子植物中起源最早的植物之一。在人类出现的很久很久以前，它就和少数生命力极强的野生植物生长在当时的地球上。荷花的种子叫莲子，晒干后非常坚硬，可以保存很长时间。

桂花

十里飘香

桂花的形态特征

桂花，属于木樨科常绿灌木的植物，适合生长在亚热带气候地区，喜欢温暖、湿润的环境。桂花树质地坚硬而且树皮很薄，叶子是稍长的椭圆形，四季常绿，冬天也不会掉落。

桂花是中国传统十大名花之一，它是绿、美、香的代名词。

桂子月中落，天香云外飘

桂花自古深受人们的喜爱，最具代表性的就是金桂、银桂、月桂、丹桂等。桂花都很小，开花的时候呈密密麻麻的一簇簇，它有很多种颜色，常见的有金黄色、黄白色、橙红色、白色等，一般在秋季的 9~10 月开花。桂花清新脱俗而又香飘四溢，尤其是中秋节前后，很多桂花争相怒放，夜静月圆之时欣赏桂花，香气扑鼻，令人神清气爽。

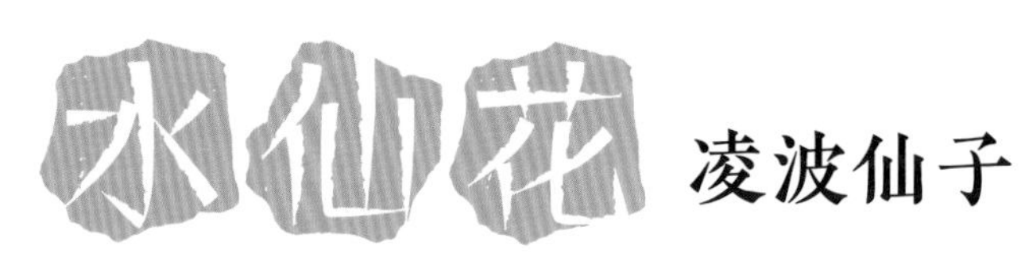

水仙花 凌波仙子

水仙花是中国传统观赏花卉,也是中国十大名花之一。

清新脱俗的花儿

水仙，这个名字听上去就十分灵动而脱俗，它的花瓣柔软而多姿，洁白中泛着浅淡的绿色，末梢又呈现雅致而鲜嫩的鹅黄色，赏心悦目，因此又被文人墨客们赋予了“金盏银台”的别称。水仙喜欢光照、水分都充足的环境，特别是在清水中长得最好，叶子的颜色更鲜绿，而且花香更浓郁，因此又得了“凌波仙子”的雅名，极富趣味。

水仙花的特征

水仙是百合科多年生草本植物，种类丰富多样，各具特色。我国常见的水仙品种为中国水仙、秋水仙等，是多花水仙的变种。水仙的叶由鳞茎顶端绿白色筒状鞘中抽出花茎，再由叶片中抽出。一般每个鳞茎可抽出花茎1~2枝，多的有8~11枝。花瓣多为6片，花瓣末端呈鹅黄色。花蕊外面有一个如碗一般的保护罩。

芍药花

花中宰相

花中宰相的由来

芍药被誉为“花中宰相”，自古以来，被定义为是仅次于牡丹的尊贵的花。民间流传的一句俗语如此说道:“牡丹为王,芍药为相。”芍药是多年生草本植物，每年冬天的时候，大部分的根茎都会枯萎，第二年的时候再重新发芽生长。所以，我们看到芍药的根茎常常是青绿色的。

白芍药清新脱俗，芳香怡人，与牡丹并称为“花中二绝”。

芍药花象征情有独钟

芍药不像牡丹般雍容艳丽，它的花瓣宽大且稀疏，呈白色、粉色、红色或紫色。芍药的花瓣是一瓣贴着一瓣的，更加紧密，花瓣上的褶皱也很多，不如牡丹花瓣那般平滑。芍药像含羞的女子一般，同时也传达了芍药的花语“情有独钟，依依不舍”。

向日葵

太阳的迷妹

四月有人把它栽，八月金花自然开，早向东来晚向西，对着太阳笑开怀。——这是一种什么植物呢？

太阳的小迷妹

你一定已经猜到了，它就是一直以来都对太阳情有独钟的向日葵，是太阳忠实的小迷妹呀！向日葵又被叫作葵花、太阳花，是菊科一年生草本植物。在我国的东北、西北及华北地区，向日葵是主要的经济作物。葵花子作为一种坚果，可以熟吃，也可以生吃，还可以用来榨油，或者加工成蛋糕、点心等。

充满阳光和希望的向日葵

向日葵在开花时像极了一个戴着金黄色草帽的小孩子，一天到晚追逐着太阳，露出灿烂的笑容。它那黄灿灿的颜色让人一看到就仿佛充满了阳光和希望，所以向日葵的花语又被人们定义为爱慕、光辉和温暖，更被俄罗斯、秘鲁定为国花。

百合花

云裳仙子

百年好合的寓意

百合的种头由鳞片抱合而成，鳞片肉质肥厚，早春于鳞茎中抽出花茎，夏季开花，花的外表纯洁高雅，多被赋予“百年好合”“百事合意”之意。

百合花，花色丰富，姿态多样，茎干亭亭玉立，叶片青翠秀丽，素有“云裳仙子”之称。

百合花的形态

百合为多年生草本植物，喜欢在温暖、湿润、阳光充足的环境中生长，耐寒和耐高温能力较强，最适宜的生长温度为10～25℃。百合花有白色、黄色、粉色、红色等，花蕊细长。花的形状像喇叭，有的直立，向着蓝天；有的低着头，像是在思索；也有的平平的，直视前方。

郁金香 百变之花

郁金香以其优美多变的外形和丰富的花色而闻名，许多郁金香的杯形花朵上，色彩都不止一种。

郁金香的颜色变化

郁金香花朵的颜色是由花朵中的色素决定的，比如，黄色郁金香花瓣中只含类胡萝卜素；橙色郁金香花瓣中至少含有类胡萝卜素和花青素两种色素；红色郁金香花瓣中含有花青素和花葵素；紫色郁金香花瓣中含有花青素和花翠素；白色郁金香花瓣中几乎不含任何色素。

郁金香什么时候开花

郁金香开花的时间参差不齐，有些比较早，在3月初就开花了，而晚的要到5月，开花时间很短，一般只有十几天。而且按照生长地区的纬度不同，花期也不相同，普遍是在3月下旬至5月上旬。

风信子

芳香袭人

风信子球茎有毒性，如果误食，会引起头晕、胃痉挛、腹泻等症状，所以不能乱碰乱吃呀！

风信子的特征

风信子是百合科，属多年生草本植物，别名洋水仙、五色水仙等。在凉爽的气候条件下，鳞茎生长、开花，到了夏季就休眠。风信子花序端庄、色彩绚丽、恬静典雅，是早春开花的著名球根花卉之一。风信子可做盆栽点缀窗台、书桌等，青翠光亮、鲜艳夺目，有浓厚的春天气息。

风信子的作用

风信子原产于中海沿岸及小亚细亚一带，是会开花的植物中最香的一个品种。未开花的风信子就像一颗大蒜，它喜欢阳光充足和比较湿润的生长环境，要求排水良好和肥沃的沙壤土。风信子有过滤尘土的作用，花香能稳定情绪、消除疲劳。花除了能供观赏之外，还可用于提取芳香油。

百草之王

薰衣草被称为“百草之王”，香气清新优雅，性质温和，起着镇静、舒缓、催眠的作用。

薰衣草其实有很多种颜色

在人们的印象中，薰衣草都是大片大片的蓝紫色，其实薰衣草还有蓝色、深紫色、粉红色、白色等，只是最常见的为紫蓝色而已。薰衣草全草都略带清淡香气，因为它的花、叶和茎上的茸毛里均藏有油腺，轻轻碰触就会破裂，从而释放出香味。因此，它又被称为“宁静的香水植物”“芳香药草”。

薰衣草的药用价值

薰衣草不仅好看，而且能舒缓紧张的情绪，镇定人的心神，让人平心静气。薰衣草也常被用作美容及消炎用品，如将新鲜的薰衣草浸入热水中用来蒸脸，有清洁皮肤、抗炎及均衡油脂分泌的功效；或用薰衣草煎出的汁来敷刀伤、裂伤等，可预防感染及发炎；或制成香包，可用来熏香和驱虫。

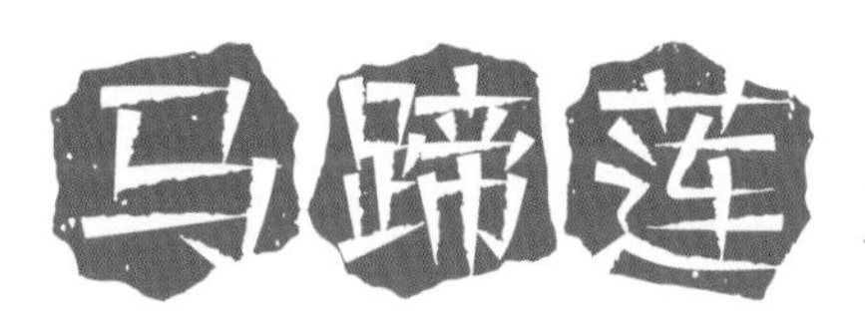

马蹄莲 美却有毒的植物

马蹄莲在欧美国家是新娘捧花的常用花，也是埃塞俄比亚的国花。

马蹄莲在水中也能存活

马蹄莲是典型的天南星科植物，它们能在浅水中很好地生活，因为它们的叶柄可以帮助其在水中呼吸，因此它们可以被栽种于浅水区域。由于这种独特的方式，人们也将其称作“海芋”。

可观赏而不可吃

虽然马蹄莲没有玫瑰的娇艳、樱花的清丽，但是它们那圆锥形的大花苞也分外惹眼，而且花苞中央还有俏皮的黄色花茎。它们能开出各种颜色的花朵，有纯白、粉红、淡黄，甚至还有黑色的。不过，马蹄莲美则美矣，花却有毒，内含大量草酸钙结晶和生物碱等，误食会引起昏迷等中毒症状。

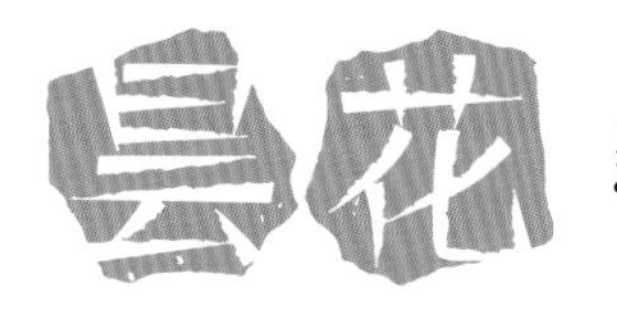

刹那间的美丽

昙花标志性的特点就是花盛开的时间极为短暂，因此具有刹那间的美丽、一瞬间的永恒的寓意。

昙花为什么晚上开

昙花原产于美洲墨西哥至巴西的热带沙漠中。那里的气候又干又热，但到晚上就会凉快很多。昙花晚上开花，可以避开强烈的阳光暴晒，缩短开花时间，又可以大大减少水分的损失，有利于其生存，使它的生命得到延续。于是天长日久，昙花在夜间短时间开花的特性就逐渐形成，代代相传至今。

昙花一现最应珍惜

昙花别名琼花、月下美人，主茎呈细圆柱形，分枝呈扁平叶状，花多为白色，有芳香。昙花的开花季节一般在6~10月，开花的时间在晚上8点钟以后，盛开的时间只有5分钟，非常短促。昙花开放时，花筒慢慢翘起，将紫色的外衣慢慢打开，然后由20多片花瓣组成的、洁白如雪的大花朵就开放了。可是数小时后，花冠就会闭合，花朵很快就凋谢了。正因为其开放时间太过短暂，所以素来有“昙花一现”的说法。

母亲节之花

康乃馨是石竹科，属多年生草本植物，包括许多变种与杂交品种，在温室里几乎可以连续不断地开花。康乃馨花朵丰富，有多种形状和颜色。从 1907 年起，开始以粉红色康乃馨作为母亲节的象征，故现在常被作为献给母亲的花。

康乃馨还能做药

康乃馨本来就是一味药材，起着清热解毒的作用。如果出现头痛或牙痛等症状，可以尝试着用康乃馨泡水喝，能缓解疼痛，达到清目养神的效果，用它制作的茶味道甘甜，非常好喝。

木槿花

朝开暮落花

每年到了木槿花的花季，大片的木槿花争相开放，粉红、粉白的连成一片，展示着一种震撼的美，象征着生生不息的生命力。

朝开暮落木槿花

木槿花生长在木槿树上，每年6~9月，是木槿花开花的时间。木槿花是一种比较特殊的花卉，它在清晨盛开，经过一天的开放，在傍晚时分合拢自己的花瓣，经过一夜的休息以后，第二天清晨再次开放，每天如此往复，朝开夕落，所以又被称为“朝开暮落花”。

木槿花的特色

木槿花开花时具有淡淡的香气，花朵粉嫩怡人，具有很高的观赏价值。木槿花主要生长在亚热带地区，而且种类繁多，差异较大。开花时，花朵颜色多种多样，比较常见的有白色、粉色、红色和淡红色。盛开时花瓣层层叠叠交错在一起，十分美丽。

茉莉花香惹人爱

茉莉花花色洁白，玲珑精致的花朵相间着一片片深绿色的小叶，透露着一股典雅的气质。印度尼西亚、菲律宾和突尼斯都把茉莉定为国花。茉莉花的香气之所以能够经久不散，是因为茉莉花中含有萜类化合物，这是它的香气中最重要的组成部分。茉莉花可以做香薰使用啊！尤其是在炎热的夏天，可用茉莉花香来驱蚊虫。

茉莉花清新优雅，深受人们的喜爱。

中国茉莉花之乡

茉莉为木樨科常绿灌木，原产于印度，喜欢生长在温暖湿润的环境中，目前在中国南方以及世界各地都有茉莉花的种植。广西横县是我国最大的茉莉花种植产业基地，还被誉为“中国茉莉花之乡”呢！

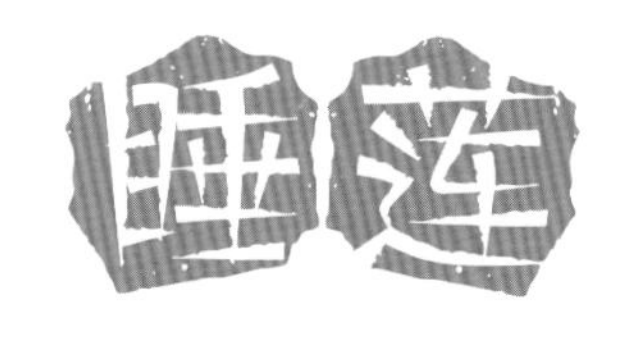

睡莲 花中睡美人

睡莲漂浮在水中，随风摇摆，像是美人在水中翩翩起舞。

睡莲的基本特征

睡莲有子午莲、水浮莲等别称，它属于多年生水生草本植物，根茎肥厚而富有光泽，浮叶形态各异，有椭圆形、圆形、卵形等，在水中漂浮。睡莲喜欢温暖的环境，多分布在热带地区。通常在6月到8月之间开花，花色艳丽，花姿优美，可做鲜切花，也可做干花。睡莲的花朵颜色非常丰富，有白色的，也有粉红色的，还有淡紫色、淡绿色的。

睡莲真的要睡觉吗?

睡莲之所以叫睡莲，是因为它到晚上的时候花瓣会合起来，就像睡着了一样。等到早上太阳升起的时候花瓣又会重新打开，就像睡醒了一样，因此而得名。其实，这是因为睡莲的花瓣对阳光照射特别敏感，太阳升起的时候，花瓣受到阳光的刺激，就张开了，而等太阳落下去，阳光的刺激变少了，于是花瓣就闭合了。

栀子花

纯洁无瑕的花朵

栀子花适应能力很强

栀子花属茜草目中茜草科类植物，属常绿灌木。栀子花的原产地是中国。它喜欢阳光充足且湿润的环境，与此同时特别害怕被水淹，肥沃疏松的酸性沙壤土很适合它的生长。它也特别坚强，在寒冷的冬天也能生长。虽然喜欢阳光，但是如果没有条件，半阴的环境下，它也一样能生长。

栀子花惹人喜爱

栀子花会在每年的春夏开花，开出的花朵只有纯洁的白色，叶片绿油油的，四季常青，芳香迷人，给人以高贵优雅的感觉。栀子花香味扑鼻，使人心旷神怡，味道浓郁但却一点儿也不腻。很多人被它的香味和外表所吸引，喜欢将栀子花种在自己家的花园里。

牵牛花也叫作喇叭花，因为它的花就像一个个小喇叭一样。

牵牛花的特征

牵牛花为旋花科，属一年生蔓性缠绕草本花卉。牵牛花一般在春天播种，夏、秋开花，它的品种很多，花的颜色有蓝色、绯红色、桃红色、紫色等，也有混色的。牵牛花花瓣边缘的变化较多，是很常见的观赏植物。

牵牛花的生活习性

牵牛花喜欢气候温和、光照充足、通风适度的环境，对土壤适应性很强，较耐干旱，不怕高温酷暑，属深根性植物。小朋友们如果想自己在家里养牵牛花，就应该放在庭院向阳处、南向阳台上或窗台上养。

满天星

花像星星一样多

满天星是一种草

准确来说，满天星并不算一种花卉，而是一种“草”。满天星是石竹科石头花属的多年生草本植物。初看满天星可能会觉得它长得不够“惊艳”，毕竟它没有绚丽的大花瓣，只有小小的、长椭圆形的花瓣和纤细的茎枝及立体茂盛的分枝。它的花期在6~8月，所以也叫“六月雪”。

满天星的枝上开满很多很多的小花，形似点点繁星。“满天星”这个名字就是由此得来的。

满天星的根像人参

满天星的花虽不起眼，根和茎倒是很惹人注目。满天星的全株可以高达一米，还拥有和萝卜、胡萝卜、甜菜一样的变态根——肉质根。单看根和茎，满天星看起来还真有点儿像其貌不扬的人参。

海棠花 花中神仙

海棠的种类

海棠花未开时是红色的，开花后渐变为粉红色，多为半重瓣，常种植在人行道两侧、亭台四周、水岸池边。常见的品种有西府海棠、垂丝海棠、木瓜海棠和贴梗海棠，合称为“海棠四品”。主要分布于中国山东、湖北、江西、广西、江苏、浙江等地。

海棠花姿潇洒，花开似锦，自古以来是雅俗共赏的名花，素有“花中神仙”“花贵妃”“解语花”等美称。

海棠适应性很强

海棠喜阳，适合在阳光充足的环境中生长，如果长期置于阴凉的地方，就会生长不良，所以一定要保持充足的阳光。海棠花极为耐寒，对严寒及干旱气候有较强的适应性，所以可以承受寒冷的气候，在零下15℃也能生长得很好。

曼陀罗 可远观不可触摸

曼陀罗花种类丰富，花色繁多，常见的有红色、绿色、金色、蓝色、黑色、茶色等。

曼陀罗是什么

曼陀罗花名字听起来高大上，其实还有很多别名是很接地气的，如洋金花、大喇叭花、山茄子、醉心花等，果实被叫作狗核桃、毛苹果。曼陀罗花是茄科一年生直立草本植物，原产于印度，现在广泛分布于全球各地，我国各地均有野生或栽培的，主产于华南地区，以广西最多。

曼陀罗有毒，不能随便触碰

曼陀罗喜欢温暖、光照充足的环境，排水良好的沙质土壤最适合其生长，多野生在田间、沟旁、道边、河岸、山坡等地。一般在6~8 月开花，6~10 月间结果。曼陀罗全草有毒，以果实尤其是种子毒性最大，嫩叶次之，干叶的毒性比鲜叶小，会危害棉花、豆类、薯类、蔬菜等。

紫罗兰

浪漫神秘之花

紫罗兰又名草桂花，和传统的兰花没有什么关系。

紫罗兰的特征

紫罗兰的观赏价值在它的花朵上最能体现：紫罗兰的总状花序呈顶生和腋生，花朵数量很多，看起来就像是一束自然扎成的捧花；花瓣边缘有裂纹，微微卷曲，看起来仿佛是四片花瓣。它虽然叫“紫”罗兰，但是颜色并非只有紫色，还有紫红、粉红和淡白等颜色。

紫罗兰不是“兰”

紫罗兰，是十字花科，属两年生或多年生草本植物。虽然它的名字中带“兰”字，不过跟兰花有着天壤之别，是八竿子都打不着的“陌生人”。紫罗兰原产于纬度较高的欧洲南部和温暖湿润的地中海沿岸，因此更加适应冷凉的气候，在炎热干燥地区并不能健康生长，但同时它也不能失去阳光的照射，阴暗且潮湿的环境会剥夺它的美丽和生命。

沙漠英雄花

仙人掌种类繁多、形态奇特、花色娇艳、容易栽培，被称为“沙漠英雄花”。

仙人掌的形状多样

在沙漠中，有水才能活下去，仙人掌在生物演变的过程中适应了沙漠环境，茎部进化成了各种形状，有球形的、柱状的，还有常见的掌形的。虽然形态不一，但都是为了储存大量水分，防止水分蒸发，便于它在沙漠中更好地生存下去。

仙人掌为什么那么多刺？

提到沙漠，人们的第一印象就是仙人掌，因为在广袤的沙漠中几乎见不到一星半点儿的绿色，但仙人掌是为数不多能在沙漠中存活的植物。和常见的植物不同，为了在沙漠中生存，仙人掌把叶子进化成刺，一是为了防止沙漠生物吞食它，二是一部分仙人掌可以通过刺毛在夜晚吸收空气里的水分。仙人掌的根系分布极广，而且根系很粗壮，有的像萝卜一样粗呢！

木棉花 英雄之花

木棉树的特征

木棉树在南方城市比较常见，它属于落叶大乔木，整棵树可以长到20多米，树皮是灰白色的，粗壮的树干分出很多枝丫，上面挂满了或是艳红色或是纯白色的木棉花朵。这些花从花骨朵开始个头就比普通的花大很多，绽开以后更是整个膨胀了一圈，五片花瓣从上面来看就像是五角星的形状，在鲜红的花瓣之中藏匿着黄色的花蕊。木棉树最特别的是：它的花朵和树叶不会同时出现哪！

木棉花是木棉科、木棉属植物，一般会在春天的3~4月盛开。

木棉花为什么叫“英雄花”

木棉花也被称为“英雄花”，因为它开得红艳但又不媚俗。它壮硕的躯干、顶天立地的姿态，如英雄一般挺直，花朵的颜色就像英雄的鲜血染红了树梢。花掉落后，树下落英缤纷，花不褪色、不萎靡，英姿挺拔地和尘世道别。

玉兰花

实力与颜值并存

玉兰是颜值担当

玉兰又叫望春，看名字就知道，这种植物可以说是和春天的关系最为密切了。玉兰的原产地是中国，如今被评为“玉兰之乡”的地方是河南省的南召县。玉兰花品种繁多，其中以白色的和淡紫色的最为常见。玉兰花树的树形舒展而优美，花朵颜色各异，姿态万千。不管是什么颜色的玉兰花，都开得盛大而艳丽，阵阵香气若隐若现，让人不由得驻足观赏。

玉兰花为木兰科落叶乔木，在早春3月开放，是名贵的观赏植物。

玉兰的实力担当

玉兰花是花先开放，叶子后长，花期10天左右。玉兰花的花瓣可供食用，肉质较厚，有独特的清香。玉兰花含有挥发油，其中主要为柠檬醛、丁香油酸等，还含有木兰花碱、生物碱、望春花素、癸酸、油酸、维生素A等成分，对皮肤真菌起着抑制作用。

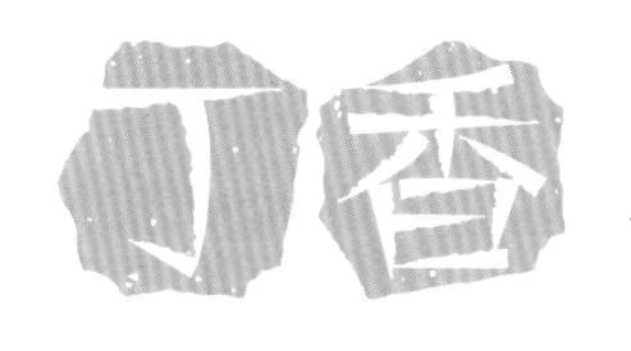

花国君子

丁香属常绿乔木，是著名的庭园花木，是哈尔滨的市花。

丁香的形态特征

丁香喜欢生长在灌木丛中，它的植株一般高 2 ~ 8 米，叶子为卵圆形或椭圆形，叶片宽度要稍大于长度，长和宽通常是在 2~15 厘米，丁香花色有紫、淡紫、白色、紫红、蓝紫等，以白色和紫色居多。紫的是紫丁香，白的是白丁香，白丁香为紫丁香的变种。

丁香为什么是花国君子

丁香，顾名思义，它的花筒细长像钉子，它的花香浓郁芬芳，所以叫作丁香。目前全世界的丁香品种有30多种，我国拥有20种以上。丁香在春季开花，夏天开得最为繁茂。花开之时，浓香扑鼻，沁人心脾。由于花香太过浓烈，蚊蝇都远离它们而不敢靠近。因而，古人称之为“花国君子”。

桔梗花 花中君子

桔梗花的特色

桔梗花原产于中国，因为外形美丽而被很多国家引种。它是桔梗植物开出的花朵，以蓝紫色为主，现在也有了更多颜色，花期为6~9月，花期繁茂。桔梗花的别名很多，根据外形而定名，有铃铛花、僧冠帽、包袱花和六角荷等。

桔梗花因为外形酷似铃铛，也被叫作铃铛花，受到很多人的喜爱。

花中君子

成熟的桔梗能长到 80~120 厘米，茎线挺直，顶部长出花朵，看上去高贵典雅。除了外形，它的根还可以入药。桔梗花的作用很温和，主要是平息燥气，起着良好的疏导作用。因此，桔梗花因为其外形的笔挺和药用价值中的温和疏导，而被称为“花中君子”。

紫薇

夏日满堂红

紫薇花最热闹

紫薇属于落叶小乔木，开花时正当夏秋少花季节，花期很长，故又有“百日红”之称。紫薇花是盛夏最热闹、最繁盛的一种花，一般开始于炎炎夏日，秋天凋谢，每棵树上都是千朵万朵，满树红到发紫，当得起“繁花似锦”四个字，又称为“满堂红”，享有“盛夏绿遮眼，此花红满堂”的赞语。

紫薇花的颜色特别多，主要有红色、粉红色、紫色、白色，紫色是最多、最正的颜色。

紫薇树怎么会无皮

紫薇被称为无皮树，是因为它的树皮非常光滑洁净，颜色为褐色或者深褐色，与大多数的树皮都不一样。寻常大树，一般越活越苍老，树皮越来越粗糙，紫薇却不同，年幼的紫薇树皮还有些粗糙，上了年纪后，它表面的树皮就会跟镜子一般，滑溜溜的，老树的树皮甚至会因为太过光滑而反光，简直像刷了油漆一般。

香雪兰

如雪如兰

香雪兰因花色纯白如雪，花香清幽似兰，故得名香雪兰。

香雪兰的由来

香雪兰原产于非洲南部，如今中国南北均有栽培。因为它的花色是像雪一样的纯白色，花香清幽淡雅像兰花，因此得名香雪兰。香雪兰的花期和切花时间长，作为切花，除了夏季，自9月下旬至来年晚春都能生产，是深受人们喜爱的观赏性植物。它的花朵还能用来提取香精。

香雪兰的植物特性

香雪兰是百合目鸢尾科多年生球根草本花卉，喜欢凉爽、湿润而又光照充足的环境，耐寒性比较差，生长适宜的温度为 15 ~ 20℃，喜欢疏松、排水性良好、富含腐殖质的土壤。

图书在版编目（CIP）数据

花儿小铺 / 吴昊编著. -- 哈尔滨：黑龙江科学技术出版社，2022.1
（植物图鉴）
ISBN 978-7-5719-1193-5

Ⅰ. ①花… Ⅱ. ①吴… Ⅲ. ①花卉 – 儿童读物 Ⅳ. ① S68-49

中国版本图书馆 CIP 数据核字 (2021) 第 234207 号

花儿小铺
HUA' ER XIAOPU

作　　者　吴　昊
策划编辑　深圳·弘艺文化 HONGYI CULTURE
封面设计
责任编辑　徐　洋
出　　版　黑龙江科学技术出版社
地　　址　哈尔滨市南岗区公安街 70-2 号
邮　　编　150007
电　　话　（0451）53642106
传　　真　（0451）53642143
网　　址　www.lkcbs.cn
发　　行　全国新华书店
印　　刷　哈尔滨市石桥印务有限公司
开　　本　1/24
印　　张　15 5/6（全 5 册）
字　　数　100 千字（全 5 册）
版　　次　2022 年 1 月第 1 版
印　　次　2022 年 1 月第 1 次印刷
书　　号　ISBN 978-7-5719-1193-5
定　　价　99.00 元（全 5 册）